都市計画学

樗木武
Chishaki Takeshi

著

森北出版

まえがき

―都市計画の基礎を学び，都市づくりを考える―

現代は都市の時代．都市文明の発展に大きな期待を寄せながら，都市やまちに多くの人々が暮らしている．それだけに都市は，住む人々の価値観とともに都市の姿や性質，内容が変わり，とどまるところがない．かつての高度経済成長・人口増時代で拡張した都市は，いまや低経済成長・人口減で縮小する都市である．

言い換えれば，都市は無機質な物体ではない．住む人々の暮らしがあり，訪れる人々との交わりがある．その中で古代以来の都市の歩みがあり，現在の活動と苦闘があり，将来への期待がある．これらから，「**市民などが躍動する中で，都市はさまざまな機能を発揮し，歴史と文化を創成する活動体**」である．このため，その質を向上させるためには，従来に増して快適で持続可能な都市づくり，安全・安心のまちづくりが望まれる．

本書は，そうした都市づくりの計画や再生のあり方を，目次に示す 15 章の都市計画とし，多くの写真・図表を積極的に用いてまとめたが，とくに注意したことは次の点である．

1. 都市づくりの課題に対処し，その意義と内容および都市の計画制度や事業などに関わる全体の概要が掴めるように努めた．なお，このため都市計画法の引用も多いので，読む際には，Web 上の "e-Cov 法令検索" で最新改正版を入手して手元に置いておくとよいだろう．
2. 都市づくりの計画，規制および事業は，市民参加を主にし，国，自治体，住民，事業者などの協働が基本であり，そのことを念頭においた．
3. 上記から都市づくりは，性格を異にする関係法と技術事項の組み合わせとなり，多くの専門用語が混じるが，わかりやすい説明を心掛けた．

著者は都市問題を長年研究し，国内外の諸都市をみつつ，都市計画関連の調査研究会や計画に参加してきた．本書がその体験を伝え，都市計画を学ぶ入門，啓発となり，健全かつ魅力ある都市づくりの理解と実務に役立つことを切に願うものである．

本書を著すにあたり，全般について東海大学 梶田佳孝教授にお世話になり，また，最近の多様な問題を抱える都市計画に関わる中，地域の方々や識者，計画に関わるコンサルタントとの多大な論議が有益であった．森北出版の藤原祐介氏および加藤義之氏には，編集および出版に関わる示唆とお骨折りを戴いた．記して謝意を表する．

2023 年 9 月

著　者

目　次

法律の表記について

　法律の表記は，原則として初出のところで，「正式名（略称）」と記し，以後は略称を用いている．なお，とくに頻繁に使う都市計画関連の法律の略称は，以下のとおりである．

正式名称	略　称	備　考
環境影響評価法	アセス法	本文中における条節項号は，原則
建築基準法	建基法	都計法 12 条の五第 1 項二号
地方自治法	地自法	などと表示する．文末などで（）の中
都市計画法	都計法	で示す場合は法を除き，
都市計画法施行令	都計施行令	（都計 12 条の五第 1 項二号）
都市公園法	都公法	などと表示する．
都市再開発法	再開発法	図表は，各々の状況に応じて表示する．
都市再生特別措置法	都市再生法	
都市緑地法	都緑法	
土地区画整理法	区画法	

第1章

都市とは

都市とは何か．対義語である田舎と比べれば，都市の特性が認識できるが，実際にはどうだろうか．本章では，都市とはどのようなものかを，その創成や建設史でたどり，次に現代都市の分類や構造について説明する．加えて，近年の代表的な都市論を紹介する．

1.1 都市とはどんなところか

人々は地域の壁を乗り越えながら，都市に魅せられるように集まり，現代ではほとんどの人々が都市で暮らす．そして，都市に快適で持続可能であることを望んでいる．しかし，多くの人々は都市とはどのようなところかを理解していないのではないだろうか．

辞書によれば，都市とは「人口の集中した地域で，政治・経済・文化の中心になっている大きなまち」（日本国語大辞典）などとされている．また，対義語は田舎である（図1.1参照）．

一方，都市整備に関わる都市計画法などで，都市をどう捉えているかを調べても，直接の定義はない．ただし，その中で最もそれらしいものに，地方自治法（地自法）の市町村における"市"となるための次の要件がある（地自8条第1項）．

- 人口五万以上を有する
- 中心市街地形成の区域の戸数が全戸数の六割以上を占める
- 商工業等の都市的業態従事者とその者と同じ世帯者の数が全人口の六割以上である
- 都道府県条例に定める都市的施設その他の都市の要件を具える

この要件から，わが国の基礎自治体で"市"は都市の特徴をもつと理解できる．

しかし，都市計画ではこれがそのまま都市の定義ではない．時代の変化の中で要件にそぐわない市もあれば，あるいは，次章のように，都市計画では"市"の区域に関係なく都市を把握し，"町村"でもその市街地を都市の区域と捉えてまちづくりを進めているところもある．つ

（a）田舎

（b）都市

図1.1 田舎と都市

まり，都市計画では自治体の組織にこだわらず，都市らしい性格の地域とする考えがあり，先の辞書の表現も意味がある．

　もう少し都市のイメージを明らかにするために，地自法による現実の人口規模5万人以上の市を一段と都市らしいところとし，これらとそれ以外の市町村を比較すれば，表1.1のとおりである．

表1.1　市町村でみた都市とそれ以外との比較

項目		都市的地域	それ以外
人口	規模	大きい	小さい
	密度	大きい	小さい
	年齢	若い世代が多い	高齢割合大
産業		二，三次が主	一次が主
経済活動		大きい	小さい
自治能力		大きい	小さい
文化教育		多様で活発	限られる
医療施設		充実	少ない
公共交通		発達	十分でない
土地利用		市街地が主	農地，山林が主

　これから，現代の都市の地域的特徴は，「ある程度以上の規模の人口とその密度を有する市街地をもち，二次，三次の産業経済活動を主とし，また文化・教育活動が適度に活発であり，自治能力のある社会を形成し，医療施設や交通に関してそれ相応に発達している地域」であると認識できる．

　つまり，都市計画では，都市について市要件を念頭に置いて解釈することと，上述の辞書的解釈で捉えることの両者を用いている．

1.2　世界の都市の歴史

　人が集まる都市はいつごろ出現し，どのようにしてつくられてきたのだろうか．先立って創成された世界の都市を紹介しよう．

▶1.2.1　四大文明の時代

　チグリス・ユーフラテス川，ナイル川，インダス川および黄河などの流域では，季節的な氾濫で肥沃な土壌がもたらされ，農耕が発達した．そこに多くの人々が定住し，都市がつくり出されている．

（1）メソポタミア文明

　メソポタミアでは，シュメール人が小規模集落を発展させ，多くの都市と周辺による小国家が出現した（図1.2）．その中で，ウルはBC3000年頃栄えた古代都市である．ユーフラテス川がペルシャ湾に注ぐ当時の河口に位置し，交易のまちでもある．市街地は丘の上にあり，商人，職人の地区に分かれていた．階段状ピラミッド型のジッグラト（聖塔）を中心とし，城壁に囲われていたものと想像される．

（2）エジプト文明

　エジプトでは，BC2700年頃に古王国が成立し，ナイル川河口のデルタ地帯に首都メンフィスが出現した（図1.2）．また，ピラミッド建設に動員された人々のための都市カフンが建設された．

　BC2000年頃になると，ナイル川中流域のテーベが中・新王国の首都となった．川を挟み，東岸はアメン（太陽神）信仰の総本山カルナック神殿やルクソール神殿を配するまちであり，西岸は葬祭殿，王家の墓所などが並ぶ丘陵地である．

（3）インダス文明

　インダス川流域では，BC3000年頃，最大人口2万人のハラッパや，4万人近いモヘンジョダロのような都市が形成され，栄えた（図1.3）．モヘンジョダロには二つの遺丘（都市跡）が残る．その一つの市街地は，東西，南北の大通り（幅員10m）と細街路による規則的な格子状の区割りが行われ，道路はレンガが敷き詰められていた．レンガ造の住宅には浴室があり，水道や排水路が整うなど，優れた文明をもって

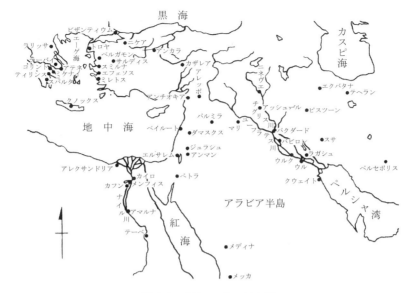

図1.2　オリエント・地中海

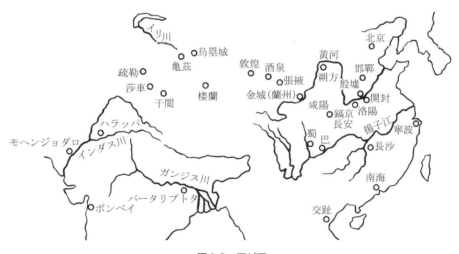

図1.3　アジア

いたと思われるが，短期間で消滅した．

（4）黄河文明

BC 1700年頃，中国の黄河沿いに殷朝が成立した．図1.3の河南省安陽市の殷墟は，その後期（BC14～BC11世紀頃）の首都の遺構である．中央に川（洹水）が流れ，宮城地区を城郭が囲み，宮殿跡や大小の墳墓が発見され，その外に一般住民の住居や青銅器工作所が配置されていた．

▶1.2.2　古代ギリシャと古代ローマ

（BC 800年～AD 400年頃）

前述したメソポタミア文明は，上流へも展開し発達する．その中で，図1.4はネブカドネザル2世の時代（BC 600年頃）の新バビロニアの首都バビロンの想像図である．城壁に囲まれた中央部をユーフラテス川が流れる．行進用道路を基軸に，宗教建築ジッグラト，屋上庭園の建物，青色彩釉レンガのイシュタル門が築造され，また周囲は運河を巡らされ，都市とそれ以外が明確に分けられていた．

（a）宗教建築物ジッグラドの想像図
（William Simpson : Horne, C. F., The sacred books and early literature of the East）

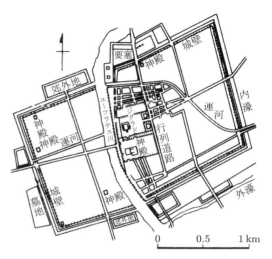

（b）バビロンの平面図
（A.Gallison & S.Eisner : The Urban Pattern -City Planning and Design, 1963）

図1.4　バビロンの想像図

　そして，四大文明に続いたのが古代ギリシャの都市である．ギリシャは山岳地帯で，牧畜の村々であった．それがBC 8世紀頃から貿易と略奪で富をなし，古代ギリシャの諸都市国家（ポリス）が形成された．アテナイ（アテネの古名），スパルタ，テーバイなどである．

　とくに，アテナイは，銀山の発掘で都市発展に拍車がかかり，ギリシャ第一の都市国家として繁栄した．市民，メトイコイ（在留外国人），奴隷による身分社会であるが，市街地は無秩序なまちであった．

　これに対し，BC 5世紀頃，都市計画家ヒッポダモスとその弟子たちは，ヒッポダモス方式といわれる格子状街路網の都市づくりを提唱した．彼らは，ピレウス，ミレトス，トゥリオイ，ロドスなどの都市計画に関わったと伝えられている．

　図1.5（b）は，その一つアナトリア半島のミレトスにおける都市の構図である．背後の丘陵地に守護神を祭るアクロポリス（小高い丘）がある．市街地は聖域，公共地域，商業地域，住居地域に分かれ，中央部の広場（アゴラ）は市

（a）アテネのアクロポリス

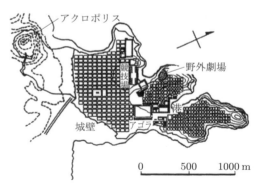

（b）ミレトスの街区（Arthur Korn : History builds the town, Lund Humphries, 1953）

図1.5　アテナイのアクロポリスとミレトスの街区

（a）古代ローマの平面図

（b）フォロ・ロマーノ

（c）水道橋

図1.6　古代ローマ

場や市民集会場である．そして，その周りを議事堂や劇場，体育館，神殿などが囲んだ．

　BC 6世紀頃になると，テベレ川沿いの七つの丘一帯に古代ローマが出現した．ローマ帝国の成立（BC 27年）で首都となるが，道路網は不整形で，木造家屋が密集し不衛生であり，ネロ皇帝（在位 AD 54年～AD 68年）時代に大火に見舞われた．

　このため，道幅が広げられ，同時に，市民広場（フォーラム），円形競技場，公会堂，凱旋門，大衆浴場などと，大型で華麗な建物が丘陵をぬって建設された．それらの遺跡はいまや世界遺産群である（図1.6）．

　ローマ帝国は，周辺に領土を広げ，最盛期（五賢帝，1世紀末～2世紀後半の時代）には地中海を囲むヨーロッパ全土と北アフリカ沿岸域を

配下に治めた．その際，ローマ軍の駐屯所が各地に建設され，それを起源に植民都市が発展した．ベオグラード（セルビア），ケルン（ドイツ），トリノ（イタリア），フローレンス（フィレンツェ，イタリア），エルサレム（イスラエル）などがあげられる．

▶1.2.3　中世の都市（5〜15世紀頃）

西暦395年，ローマは東西に分裂した．西ローマは476年に統治能力を失い，東ローマはビザンティン帝国となり，時代は古代から中世へと移る．

（1）東ヨーロッパ，西アジア

ビザンティン帝国の首都はコンスタンティノーブルである．ローマ帝国時代における東西融合のヘレニズム文化を継承し，イスラム文明やキリスト教の影響を受けて発展した．大ドームとモザイク壁画の礼拝堂が特色の独特の趣をもつビザンティン様式の建築物はいまもみられる．

そして7世紀，イスラム教が創始され，異教徒に対してジハード（神のための奮闘）が推し進められた．その結果が，アジア，アフリカ，ヨーロッパの3大陸に及ぶアラブ・イスラム帝国の出現である．その中で，国際商業都市バグダード（イラク），政治・商業・学芸の都市カイロ（エジプト），経済・文化の都市ゴルドバ（スペイン）の繁栄があった．とくにバグダードは，四つの門から出入りする環濠円城都市で，8世紀末の最盛期の人口は150万人と推定される．千夜一夜物語（アラビアンナイト）の舞台でもある．

（2）西ヨーロッパ

ゲルマン民族の大移動があり，それまでのヨーロッパの都市はことごとく破壊される．しかし10世紀になると，封建制度のもと，城郭，教会および自治を基本とする都市づくりが始まる．

古いローマ都市を復活させ，あるいは，城郭や城壁・要塞を整備し，教会や大聖堂を重要な都市施設にした諸都市が形成された．ドイツのマインツ，トリーア，ケルン，イングランドのカンタベリー，フランスのカルカソンヌなどがある．加えて，東方貿易が活発化した．地中海経済圏をなすイタリアの諸都市（ジェノバなど），織物業中心のフランドル地方の諸都市（ブルッヘなど），北海・バルト海貿易圏（ハンザ同盟）を築いたドイツの諸都市（リューベックなど）の発展がある．それらを訪ねれば，歴史的建物や教会，水路などに当時の面影をみることができる．

（3）中国

中国では，後漢の後の581年に隋が国を統一し，それに続く618年の唐の建国で，長安（西安）が建設された．長安は，図1.7に示すように，東西9.7 km，南北8.5 kmの方形都市である．城郭をめぐらし，一番奥に宮城（王宮），

（a）大明宮含元殿のイメージ図

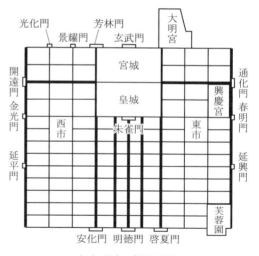

（b）長安の概略地図

図1.7　長安

皇城（官庁）を配置した．皇城の正面からは幅員 60 m の朱雀大路が真っすぐ伸び，これを中心に南北 11 本，東西 14 本の格子状道路網をなした．

　この格子状都市は，中国はもとより，後述のように，わが国の古代の都市づくりにも大きな影響を及ぼした．

　なお，唐王朝は 907 年に滅亡し，それ以来，さまざまに変遷するが，1264 年，モンゴルのフビライ・ハンが元を建国し，大都（北京）を冬の都とした．現在の巨大都市北京の始まりである．

▶ 1.2.4　近世の都市（15〜19 世紀頃）

（1）ヨーロッパ

　15 世紀に入り，西ヨーロッパではルネサンス運動，宗教改革があり，また大航海時代の到来で植民地から富がもたらされた．その結果，スペイン，ポルトガル，イギリス，フランス，オランダなどの諸都市でさまざまな改造が進んだ．

　ルネサンス運動は，ギリシャ・ローマ古典文化の復興運動である．人間精神の解放を目指し，宗教改革や世界貿易の進展で封建制度や教会の権威が打ち破られ，幾何学的な形の建物や広場がつくられた．

　あるいは，ルネサンス的な考えを壮大にしたバロック風の都市改造がある．バロックとはポルトガル語の「ゆがんだ真珠」のことで，過剰な装飾を比喩する意味をもつ．曲線を用い豪華で装飾的・芸術的な建物，直線街路，庭園がつくられ，フランス王家の別荘地ベルサイユやパリ，ウィーン，サンクトペテルブルクの宮殿やそれらの見事な庭園は，いまもなおまちの象徴である．

　図 1.8 は，19 世紀の中頃，セーヌ県知事ジョルジュ・オスマンが断行したパリの大改造計画である．スラムや密集市街地が整備され，都市

全体に一体性をもたせるために並木をもつ広幅員幹線道路が建設された．芸術性豊かな広場も導入されている．

　一方，話は前後するが，イギリスでは産業革命が起こり，資本主義経済が成立した．マンチェスター，リヴァプール，バーミンガムなど多くの工業都市が出現し，工場と労働者の住宅が急拡大した．しかし，衛生状態は劣悪であった．このため，排水や上水，建築規制，舗装などに基づく公衆衛生法が定められた（1848 年）．近代法による都市整備の始まりである．

（2）中国

　14〜18 世紀の中国は明，清の時代である．その間，首都は北京と南京との間で揺れ動く．北京は，中央に紫禁城（故宮）があり，面積 72 ha に及ぶ大規模な宮殿が建設された．現在の故宮博物院である．周りのまちは折れ曲がり T 字型道路や袋小路が多かった．

　また，南京にも紫禁城を模した城がつくられ，その遺跡は現在の故宮遺跡公園である．

（3）アメリカ

　アメリカにおける本格的な都市建設は，17 世紀末頃からである．格子状街区をなすフィラデルフィアに始まり，この格子状に斜めの幹線道路を加えて交通の便を図った首都ワシントンの整備が続く．そして，1811 年，ニューヨークでは将来を見据えてのグリッドプラン（無数の格子状の街区計画）が策定され，また市街地を斜めに貫く道路「ブロードウェイ」，アメリカ諸都市の中で景観に配慮した最初の公園「セントラルパーク」が建設された．

▶ 1.2.5　近代・現代の都市

　20 世紀以降は都市成長が著しい時代である．産業革命が進み，工業と商業が発達した結果，多くの人々が田舎から都市へと移った．その結果，人口 1 千万人を超える巨大都市上海，メキシコシティ，サンパウロ，北京，カイロなどが

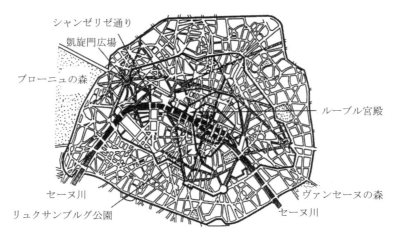

シャンゼリゼ通り
凱旋門広場
ブローニュの森
ルーブル宮殿
セーヌ川
リュクサンブルグ公園
ヴァンセーヌの森
セーヌ川

━：城壁　　**▨▨**：オスマンによる道路計画

（a）オスマンのパリ改造計画

（b）いまも残る19世紀のパリのまち並み　　　　（c）凱旋門からみたパリのまち

図1.8　オスマンのパリ改造計画

出現した.

　一方，二度の世界大戦が勃発する．そうした時代に資本主義社会が発展した．その中で，20世紀の都市は次のような深刻な問題を克服しながら，その取り組みに邁進している.

　一つは，旧市街地がスラム化し，新しい都市に適合しなくなったことへの対応である．スラム街を再開発し，大規模な商業施設などが整備された.

　二つ目は，都市の急激な膨張に対して都市の分散が求められたことである．そこでは，中心都市と連携しながら，ベッドタウンや工業団地の建設がある.

　そして三つ目は，大都市を核に，周辺都市や農村を含めて都市圏とし，広域を見据えた都市地域の整備である．周辺にグリーンベルトとその外周に衛星都市を配置する大ロンドン計画，交通軸と緑の楔が郊外に向けて手指状に延びるコペンハーゲンのフィンガープラン，ストックホルムの衛星都市群などがあげられる．いずれも職住連携による都市分散の都市圏整備である.

　こうした都市に加え，各々の理由で新首都などが建設されている．植民地からの独立でニューデリー（インド），キャンベラ（オーストラリア），遷都に伴うブラジリア（ブラジル），行政新首都プトラジャヤ（マレーシア）である．韓国では，中央官庁集積のニュータウン世宗（セジョン）特別自治市の建設があり，インドネシアでは，ヌサンタラへの首都移転がある.

1.3 日本の都市の建設史

わが国も世界の都市を追うように，中国やヨーロッパの影響を受け，古代から都市づくりが行われてきた．

▶1.3.1 古代の都市（古墳時代〜平安時代）

わが国最初の計画都市は，694年，大和三山の中央に建設された藤原京といってよい．中国や朝鮮の都城を模し，朱雀大路を中心軸とする格子状都市である．人口は数万人規模との推定だが，わずか16年で廃止されている．その後の710年からは平城京（奈良）が都である．図1.9(a)はその略図で，規模こそ1/4だが，唐の長安を模していることは一目瞭然であろう．東西4.3 km，南北4.7 kmで，北の中央に大内裏（平城京）がある．正面中央から南に向けて朱雀大路が伸び，右京，左京をなし，左京の東斜面地に外京が配されている．

さらに794年，長岡京を経て平安京（京都）に遷都する．これが後の千年に及ぶわが国の都である（図1.9(b)）．外京を別にすれば平城京と同じ図式だが，東西4.6 km，南北5.3 kmと一回り大きい．道路を区画割寸法の外にした結果であり，中央は幅員84 mの朱雀大路である．

▶1.3.2 中世の都市（鎌倉時代〜戦国時代）

12世紀末になると，武家が政治と軍事の実権を握った．都は平安京であるが，武家の棟梁の居館の地に国を統治する政治行政都市が出現した．幕府が開かれた鎌倉（神奈川県）や室町（京都府）である．

鎌倉は，源氏の氏神を祭る鶴岡八幡宮を起点に，南に約2 kmの参道・若宮大路を主軸とするまちである．全体が山を背にして海を向き，自然の地形を活かした城郭都市をなした．

その後，室町時代を経て戦国時代に入ると，戦国大名は弱体化した室町を離れて分国を強め，各地に城下町を築いた．また，必ずしも都市の規模ではないが，港町，門前町，宿場町，市場町などが築かれ，その多くが現代の諸都市の礎である．

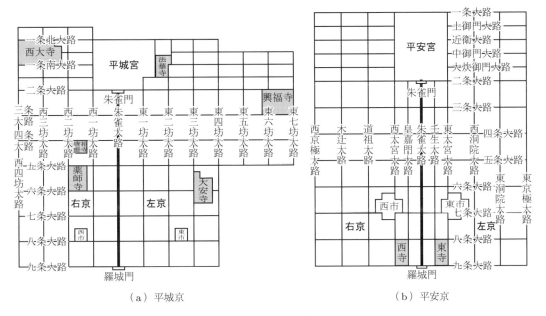

（a）平城京　　（b）平安京

図1.9　平城京と平安京

▶1.3.3　近世の都市（江戸時代）

　1603年，徳川家康が江戸幕府を開設する．また，全国でも城下町とともに商工業の発展で町から都市への成長がみられる．その中で，江戸，大坂，京都は幕府直轄の三都といわれた．

　江戸は，幕府が置かれた都市で，かつての江戸氏の居城を拡充し，改築されたものである．山を削り，入江を埋め立て，家臣および町民の屋敷が建設された．図1.10のように，江戸城を中心に，その周りの各門から放射方向に地方へと街道が延びる．また，まちの防備と成長に配慮し，"の"の字状に内堀，外堀が設けられている．18世紀初頭には，人口は100万人を超え，八百八町といわれるほどに成長した．

　大坂は，豊臣時代，政治の中心であったが，江戸時代にも海運の要衝の商都として栄えた．多くの水路がめぐらされ，全国の年貢米が集中し，天下の台所ともよばれたほどである．

　京都は，政治の中心ではないが，天子・天皇がいる都である．それと同時に西陣織や京染の工芸が盛んになり，かつ神社・仏閣が多く建てられた．50万人を超える人口を擁したと推察される．

　三都に続くのが清須から町を移転してつくられた名古屋であり，さらに注目に値するのが長崎である．長崎は，鎖国政策が続く近世でただ一つの外国貿易の窓口である．斜面に沿って，「和・華・蘭」融合の都市として異国情緒豊かな都市づくりが進められた．中華街があり，中国から祭りが伝わり，教会や隠れキリシタンなどの信仰が密かに受け継がれ，これらに日本の習慣が融合した文明・文化都市が発達した．

▶1.3.4　近代の都市
（明治時代～第2次世界大戦終戦まで）

　明治維新（1867）で封建制度は瓦解した．都は，京都から江戸へと移り，江戸は東京府・東京市に改称された．

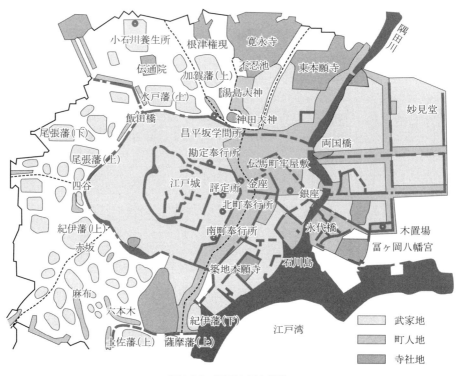

図1.10　江戸の都市構造

明治政府は廃藩置県を断行する．それととも
に殖産興業を推進し，各地に官営工場が建設さ
れた．砲兵工廠，造船所，綿糸紡績や製糸関連
などである．そして，1900年頃からは第二次
産業革命が起こり，造船所，製鉄所などの工業
都市がつくられている．格子状街路をなす札幌
市の建設が始まったのもこの頃である．

進んだ西欧文明を取り入れ，遅れを取り戻そ
うとする文明開化が起こる．都市では，鉄道
（1872，東京新橋～横浜間）や路面電車（1896，
京都）が敷設される．東京の銀座れんが街，横
浜や神戸の商館や異人館のまちが出現し，わが
国も近代都市の様相を鮮明にした．

そして，日清，日露戦争を経て第一次世界大
戦が終わる頃には，工業化は一段と進み，そう
した都市へ人口が集中した．

一方，東京では，関東大震災（1923）の直
撃を受ける．その復興で宅地の整備が図られ，
運河や道路，公園などの都市基盤の復興事業が
行われた．

なお，現在の"東京都"の呼称は，戦時中の
1943年，それまでの東京府と東京市の統合に
よる．

▶1.3.5 現代の都市 （戦災復興時代）

アジア太平洋戦争で215都市が戦災に会い，
壊滅的な打撃を受けた．このため戦後の都市整
備は，戦災復興に始まる．震災と同様，特別都
市計画法（1946）が制定され，宅地，市街地
の整備が行われた．全国で115市町村が復興都
市の指定を受け，112市町村で実施され，それ
らの事業は1960年頃までにおおむね完了して
いる．

一方，この時期は食糧生産とともに，鉄鋼や
石炭などの基幹産業に資本を集中させる傾斜生
産方式が採用された時期である．重化学工業中
心の工業化が進み，京浜，中京，阪神，北九州
の工業地帯の形成をみることができる．

そして，1956年の経済白書の序文で"もは
や戦後ではない"と述べられた．続く経済成長
のもとでの都市時代に向けて大きく舵を切り，
20世紀後半の都市発展を経て，21世紀の今日
に至る．

1.4 都市の分類

▶1.4.1 地方自治法と人口規模による分類

わが国における815の市は自治権限が異な
る次の4グループに分けられる．

（1）東京都特別区（特別地方公共団体）

1947年の地自法で，旧東京市の区域は23の
特別区となり，現在では市に準じる権限が付与
されている．公選の区長および区議会を有し，
それら一つ一つが市に相当する．

人口は，最大が世田谷区の92万人，最小が
千代田区の7万人である．各特別区は互いが繋
がり全体で巨大な都市をなす．このことから，
都市計画でいえば，用途地域や上水道などは都
が定め，それら以外を特別区が分担するとされ，
通常の道府県と市の関係とは異なる（4.2.1項）．

（2）指定都市

特別区を除く792の市（普通地方公共団体）
のうち，法的に人口50万人以上で，かつ政令
で指定されるものが指定都市である（地自252
条の十九）．指定都市は，児童，福祉，都市計
画などの諸分野で，都道府県から権限が委譲さ
れ，市長権限の事務分掌のために区に分けられ
ている．現在，20市を数え，175の区を有し，
ほとんどの指定都市が人口は50万人どころ
か，最低でも約70万人である．

（3）中核市

指定都市に準じて自治権限が委譲される市
で，その要件は人口20万人以上であり，2023
年時点で62ある（地自252条の二十二）．ただ，
近年の人口減で20万人を切る中核市もある．

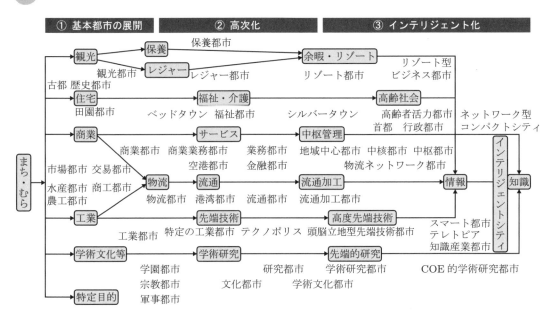

図 1.11　活動内容による都市の展開

また，従来，中核市に準じる特例市があったが，2015 年の地自法改正で中核市に統合された．しかし，2023 年時点で，23 市が事務権限は施行時特例市のままである．

（4）上記以外の都市

上記以外は，普通地方公共団体としての本来の市である．

以上の都市の区分は都市の自治権限に基づくが，結局は人口規模による類別と重なる．参考に人口規模で類別すると，次のようになる．

巨大都市：人口 200 万人以上（東京都の特別区部，横浜，大阪，名古屋）

大都市：人口 70 万〜200 万人程度

準大都市：人口 50 万〜70 万人程度

中都市：人口 20 万〜50 万人程度

準中都市：人口 5 万〜20 万人程度

小都市：人口 5 万人程度以下

現在の巨大都市は，東京都の特別区部と指定都市のトップ 3 からなる 4 市であり，残る指定都市が大都市を構成している．

▶1.4.2　活動内容の特色による分類

都市のもとは町や村だが，その活動で都市が発達し，さまざまに特徴ある機能をもつに至る．その展開の体系が図 1.11 である．観光，住宅，商業，流通，工業，学術研究，特定目的などの 7 系統となり，加えて高機能都市，多機能都市への展開がある．

1.5　都市の構造と都市圏

▶1.5.1　都市の構造

多くの都市は都市的土地利用の市街地があり，これを緑地や農地が取り囲む．その際，両者を区分し，実質の密集的な市街地を把握するものに国勢調査の**人口集中地区**（densely inhabited district, DID）がある．調査の基本単位区（街区などの統計区）で，原則 40 人/ha 以上が隣接し，人口 5 千人以上の範囲が DID である．

現実には，人口密度が 40 人/ha に満たない統計区も含まれる．これは，大規模な公共施設や業務施設，商業施設，工場などが統計区の大半を占めることによる．

市域およびその周辺を含む広い範囲で DID

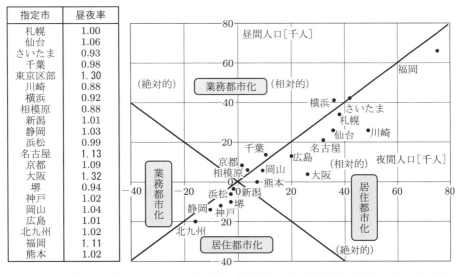

指定市	昼夜率
札幌	1.00
仙台	1.06
さいたま	0.93
千葉	0.98
東京区部	1.30
川崎	0.88
横浜	0.92
相模原	0.88
新潟	1.01
静岡	1.03
浜松	0.99
名古屋	1.13
京都	1.09
大阪	1.32
堺	0.94
神戸	1.02
岡山	1.04
広島	1.01
北九州	1.02
福岡	1.11
熊本	1.02

図 1.12　指定都市の昼夜率 (2020) と夜間および昼間人口の増減 (2015-2020 の期間) の関係

を詳細にみると，とくに業務や商業，集会施設が集中し，行政機関が集まる市街地がある．これを**都心地区**または**中心業務地区**（central business district, CBD）とよぶ．夜間の常住人口密度が小さく，昼間の従業人口密度が大きい点で特色をもつが，多くの都市は，その外側に都心周辺，周辺市街地および郊外が展開する構図である．

都心周辺は商業と住宅が混在し，周辺市街地は住宅地や工業地，郊外は農地や自然が多い地域である．あるいは，都市規模が大きくなれば，都心地区の他に副都心地区が形成され，多極構造にもなる．

図 1.12 は，こうした都市の性格を把握する例である．国勢調査に基づく**昼間人口**（＝夜間人口＋市外から流入する通勤通学者 − 市外へ流出する通勤通学者）と夜間人口（常住人口）との 5 年間の変化の関係，および 2020 年の**昼夜率**（昼間人口/夜間人口）を示す．

夜間人口よりも昼間人口の伸びが大きいことは，その都市または地区の業務機能がより一層増しつつあることを意味する．逆はベッドタウン化が進むことである．

多くの指定都市は，夜間人口，昼間人口が共

に増える状況である．しかし，一部に縮小がみられ，このまま人口減が続けば，わが国の都市はいずれほとんどが縮小に転じると推察される．

あるいは，昼夜率が 1 以上なら，昼間人口が夜間人口に比べて大きく，1 未満はその逆である．東京都区部や大阪市は昼夜率 1.3 を超え，業務都市である．さいたま，川崎，横浜，相模原，堺は，昼夜率からみればベッドタウン的性格をもつ．

図 1.13 は，福岡市を例に都心 2 区と周辺 5 区の人口変化の関係を示す．1980 年以来，都市発展を遂げつつも，都市の分散化，過渡期，都心回帰へと構造的な変化が読み取れ，最近は都心地区に人口が相対的に集中する状況である．

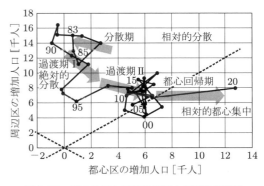

図 1.13　都心地区と周辺地区の人口変化の関係（福岡市）

こうした都市の構造や市街地の分析，歴史的経緯，交通網の状況，自然条件などを念頭に，国勢調査の DID 図や人口密度分布図，従業者密度分布図を描くと，現在におけるさまざまな市街地の展開や構造変化が可視化できる．それを概観すれば次のとおりである．

（1）帯状展開

地形や幹線道路に沿って線状の基軸に沿い帯状をなす市街地であり，多くはその中心に都心がある．昔からの街道筋などの小規模な都市でみられる．

（2）同心円展開

CBD を中心に，それより外周方向に商業や公共施設，住宅街や郊外などが同心円状に展開する一極集中型の都市構造である．地方の中心都市などでみられるが，必ずしも丸円ではなく，地形の制約で，楕円，半円，扇形などとさまざまな展開がある．

（3）放射展開

複数の幹線道路や鉄道などに沿って放射環状や格子状の交通網が発達し，その利便性に従い商業や飲食店街，公共施設などが中心市街地を構成する．それを核に，多方向に展開し，その沿道に商業地や流通施設，工業地，そしてその間を住宅地や緑地が埋める構図である．

（4）多核展開

大都市や，個々に発展してきた都市の連なり，複数の中心市街地をもつ都市がある．複数の市町村が合併した都市などでは，多核的で飛び飛びに市街地が連鎖する構図もある．

▶1.5.2　都市圏

近年では，交通網や通信網の発達と，市町村をこえる都市活動の分散・拡大に伴い，都市や農山村が互いに結びつき，日常生活のうえで影響を及ぼし合っている．そうした都市などの一団の集まりを都市圏とよぶ（図 1.14 参照）．

核となる中心都市があり，活動内容の度合い

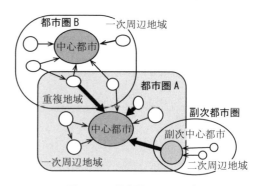

図 1.14　都市圏のイメージ

をもとにさまざまな繋がりをなすが，広域計画などに用いられている 3 タイプをあげれば以下のとおりである．

（1）三大都市圏

わが国で**三大都市圏**といえば，首都圏，近畿圏，中京圏である．東京，大阪，名古屋の都心区域を核に，それらと繋がる長距離通勤通学圏，都市などの広域的な文化圏などが形成され，地方に相当する巨大な規模である（首都圏，近畿圏，中京圏開発の各整備法）．

（2）連携中枢都市圏

総務省の連携中枢都市圏構想推進要綱に基づく**連携中枢都市圏**があり，地方中心都市とその近隣の市町村が連携協定を結ぶことができる（地自-252 条の二第 1 項）．地方公共団体の事務の共同処理だけでなく，さまざまな政策を合意し，実行義務を担っている．2023 年現在，連携中枢都市圏は 38，市町村数は全圏で 372 である．

（3）その他の都市圏

都市計画に関連し，複数の市町村にまたがる広域都市圏がさまざまに把握できる．交通施設計画や下水計画，水資源計画，防災計画などで諸都市間の調整を考えるための圏域もある．

1.6　都市論

諸都市の整備を概観すると，水と食料を確保

し，家屋を整えるまちづくりが基本である．そのうえで社会発展に合わせて文化の形成，統治能力の向上がある．また，交易などによる繁栄の都市づくりがあり，人々の交流の活発化と都市の多様化が推進されている．

そして現代の都市時代を迎え，都市規模の拡大，産業や経済の発展，交通手段や交通網の発達，機能に応じて細分された土地利用となり，多彩な特性の都市形成とその体系化が進んでいる．このことから，都市が発展するにしても，都市の内容や機能は多彩で，それらをどう把握するかが問われている．

実は，この点に関わり都市をどのように構築するかがいくつか提唱されており，それが都市整備に影響を及ぼしている．都市のあり方を考えるために，20世紀以降に提唱された都市整備やまちづくりの概念を紹介しよう．

▶1.6.1 田園都市構想

イギリスで，産業革命に伴う都市の急拡大とともに，職場は都市，住宅地は農村にといった職住分離が進んだ．しかし，その実態は遠距離通勤，高い家賃，環境の悪化である．これに対

処するとして，エベネザー・ハワードがその著書「明日の田園都市」（1902）で田園都市構想を唱えた．「都市がもつ社会・経済上の利点と農村の優れた生活環境を融合する」との提唱である．

人口を都市地区3万人，農村地区2千人とし，農地などで囲む緑豊かな職住近接の都市建設である．図1.15は，そうした円形状都市の6等分の一つを示す．図から明らかなように，円形シティの中心に庭園を取り囲む公共施設（公民館，博物館など）が配され，その外周を公園，住宅地，工業地などと輪を重ね展開する構図である．そのうえで，他地域と結ぶ幹線鉄道から分岐し，農村との境界に環状鉄道を敷設する図式が描かれている．

不動産を賃貸して建設資金を償還し，都市発展による開発利益は社会に還元するとし，こうした考えで建設された最初の都市がロンドン北方50 kmほど郊外のレッチワースである．

以来，本構想の都市づくりは工夫を重ね，欧米各地で取り上げられた．わが国でも大都市圏の鉄道沿線駅周辺におけるニュータウンやベッドタウンなどの住宅都市建設の一部に取り入れ

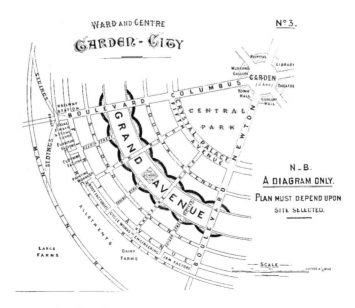

図1.15　ハワードの田園都市構想（E. Haward : To-morrow, Routledge/Thoemmes Press, 1898）

られている.

▶1.6.2 近隣住区に基づく都市

1924年,アメリカのクラレンス・ペリー(社会・教育運動家)は,都市における住民相互の無関心を改善するとして,近隣住区によるまちづくりを提唱した.人口数千人程度,面積約64 ha の規模で,小学校や教会,コミュニティセンターを核に,公園を適切に配し,隣接の住区と接する交差部に商店街や集合住宅を築くものである.住民の日常空間の外郭を幹線道路で囲み,住区内はあえて道を曲げるなどし,自動車の通過を排除するとしている.

アメリカ・ニュージャージー州のラドバーンでは,ラドバーン方式といわれるグルドサック(先端で車の方向転換ができる袋小路)や通学・買物のための緑道を配し,徹底した歩車分離が行われた.

わが国でも,都市計画運用指針[3]で住宅系の市街地(おおむね 1 km²)の街路網の構成のあり方にこの考えが採用され,ニュータウン建設や既成住宅市街地の改善に用いられている.

▶1.6.3 機能主義と反機能主義

建築家のル・コルビュジェの思想をもとに,近代建築国際会議(1933)で,機能主義の都市づくりとしてアテネ憲章が発表された.これは,工業都市および自動車社会を念頭に,都市を居住,労働,余暇,交通の4機能で捉えるものである.

職住を近接させ,高層住宅を相互に離し,オープンスペースを設けて地上を開放し,工業地と住居地の間に緑地帯を設け,さらに幹線道路と住宅地の道路を分ける構図である.都市における太陽・緑・空間の機能化とその向上を目指し,多くの新都市建設に影響を与えた.

しかし 1960 年代になると,機能優先は単調で人間的魅力に欠ける,都市には多様性が必要であるなどの批判が起こった.

アメリカのジャーナリストのジェーン・ジェイコブスは,著書「アメリカ大都市の死と生」(1961)で,都市的多様性として4条件をあげている.地区内に複数の用途があること,ほとんどの街区は短く角を曲がる機会が多いこと,年代や状態の異なる建物が適切に交じり合うこと,および人々が高密度に集まることである.これらは互いに関係し,都市に欠けてはならないと主張している.

多様で複雑化すれば単純化を求め,単純化すれば多様性,多機能をと主張する.諸都市で繰り返される論争である.

▶1.6.4 コンパクトシティの模索

21世紀に入ってから,車に依存する郊外の住宅開発からの脱却や,都心部の活力低下に対処し,あるいは人口減・高齢社会の到来に伴う都市のスポンジ化からの脱却を目指すコンパクトシティが提案されている.これは,公共交通を活用し,適正な区域に望ましい密度の居住区を配し,都市の中心拠点や生活拠点に都市機能を集約し,持続可能な都市の再生を目指すものである.

この考えは,イギリスではアーバンヴィレッジ,アメリカではニューアーバニズムなどとよばれ,互いに類し,わが国も都市再生を検討する中で取り入れられている.公共交通などの改善整備と活用,居住区や都市機能の配置のあり方を考え,コンパクトシティまたはコンパクトシティ・プラス・ネットワークによる都市再生の取り組みに用いられている.

都市論は,人々が住み,活動するまちをみつめ,快適で,良好な都市とは何かを提唱し,問題提起したといえる.これらをヒントに,各々が都市について考えることが望まれる.

第 2 章

法律と上位計画

都市を整備，保全するために，都市計画法などの各法律がある．本章では，それらの全貌を明らかにし，都市計画の定義と基本理念を説明する．加えて，都市計画の上位計画を示し，国土利用からみた都市地域の課題や他地域との調整を考える．

2.1　都市計画法

▶2.1.1　都市計画の目的

都市は，多くの市民が互いに快適に暮らすよりどころである．一方，活発に活動する中で絶えず変化する．したがって，適正かつ適切な整備や改善，変更が，いつでも，どこでも求められ，その実現のためには法律による規制が欠かせない．そこで，中心となるのが**都市計画法**（都計法）である．

明治維新後，わが国は都市の時代にふさわしい法に基づく都市づくりがスタートした．その最初が東京市区改正条例（1888）である．続いて，京都，大阪，名古屋，横浜，神戸の5市へと拡大準用され，さらに都市計画の全国展開

に合わせて，（旧）都市計画法（1919）が制定された．その後，関東大震災後の震災復興，第二次世界大戦後の戦災復興のためにそれぞれ特別都市計画法が定められ，これらに続き，1968年に（新）都市計画法が制定された．

新法制定後も，社会・経済の変遷，人々の価値意識の多様化，地方分権の推進，安全・安心のさらなる強化，あるいは財政問題，行政組織の変遷などでさまざまなニーズに応える都市づくりが求められ，法の改正は続いている．

このように，現行の都計法の内容は，これまでに遭遇した都市整備の課題を乗り越えながらの改善の結果である．都計法は，全部で9章からなる．表2.1に示すように，その中の第一〜六章に，本書で論じるさまざまな都市計画に関わることが定められている．

表 2.1　主な都市計画関連法の目次に基づく都市計画の全貌[1]

都市計画法	建築基準法	都市再開発法	都市再生特別措置法
一　総則	一　総則	一　総則	一　総則
二　都市計画	二　建築物の敷地，構造，設備	一の二　第一種，第二種市街地開発事業の都市計画	二　都市再生本部
三　都市計画制限等			三　都市再生基本方針
四　都市計画事業	三　都計区域等の建築物の敷地，構造，設備，用途	一の三　市街地再開発促進区域	四　都市再生緊急整備地域の特別措置
五　都市施設等整備協定			五　都市再生整備計画の特別措置
六　都市計画協力団体	三の二　形式適合認定等	二　施行者	
以下略	四　建築協定	三　第一種市街地再開発事業	六　立地適正化計画の特別措置
	以下略	四　第二種市街地再開発事業	七　市町村都市再生協議会
		四の二　土地区画整理事業との一体的施行の特則	八　都市再生推進法人
		五　費用の負担等　　以下略	以下略

注）冒頭の漢数字は各法の章であり，章のタイトルは一部簡略化している．アミかけは都市計画の実務に関する事項．

第一章には，都計法の目的や都市計画の基本理念，計画の推進に関わることが述べられている．それに従えば，法の目的は「都市の健全な発展と秩序ある整備を図り，もって国土の均衡ある発展と公共の福祉の増進に寄与する」ことである（都計1条）．

そして，そのために都市整備に必要な都市計画とは何か，である．このことについて，都計法4条で，「都市計画は，都市の健全な発展と秩序ある整備を図るための土地利用，都市施設の整備及び市街地開発事業に関する計画で，法の二章の規定に従い定められたものをいう」とある．

土地利用などにおいては，都市の環境や空間，機能を整備するための計画を策定し，都市の整序化と利用増進を図ることである．その際，都市計画が目的とする都市は必ずしも行政の枠組みで捉えられるものではない．市町村やその一部もあれば，その境界を跨いで広がることもある（1.1節）．実務に基づけば，都市とよぶにふさわしい一体の地域である．これから，都市計画を漠然としたまちや地域で考えることもあれば，市町村などの行政の枠組みで把握することもあり，特段の使い分けはない．

▶2.1.2　基本理念と責務

都計2条の記述内容から都市計画の基本理念として，次の3点を読み取ることができる．

- -
① 都市計画は農林漁業との健全な調和を図る
② 健康で文化的な都市生活及び機能的な都市活動を確保する
③ ①，②のためには適正な制限のもとに土地の合理的な利用を図る
- -

都市計画の区域と農林漁業地とは明確に区別できないが，2.4.2項の国土利用における都市地域をふまえると，①は大局的に考えての農林漁業地と都市との調和である．また，②は憲法

25条が保証する国民の権利の具体化である．③は土地という財産権は本来侵してはならないが，公共の福祉のために，正当な補償の下に用いることができることを意味する（憲法29条）．

住民のすべてが同じ考えではないため，都市計画では住民相互で私益と公益の調整を図ることが求められる．また，過去・現在に加え，不確実とはいえ10年先，20年先の将来展望があってのことである．

これらから，「国及び地方公共団体は，都市の整備，開発その他の都市計画の適切な遂行に務めなければならない」とされ，都市計画の責務が国・地方公共団体に課せられている（都計3条第1項）．

一方，住民に対しても，健全なまちづくりは自分たちのためであるので，「都市の住民は，国及び地方公共団体がこの法律の目的を達成するために行う措置に協力し，良好な都市環境の形成に努めなければならない」とある（都計3条第2項）．

また，「国及び地方公共団体は，都市の住民に対し，都市計画に関する知識の普及及び情報提供に努めなければならない」（都計3条第3項）とあるように，互いの協働のために情報の共有は大切である．

2.2　関連する法律

▶2.2.1　都市三法など

都市計画や都市の諸施設などの事業を推進することは，都計法の諸事項だけでなく他に多くの関連する事項が求められ，それらは別法に定められている．中でも都計法に建築基準法と都市再開発法を加えた法律を"都市三法"と称し，これらは互いに関わりが深い（表2.1参照）．

建築基準法（建基法）は，都計法を補完する点で重要であり，姉妹法である．つまり，都計

法には，土地の開発や建築物などの建築に対する定めはあるものの，建築物などの形態や意匠，構造，用途に関する規定はなく，建基法に委ねられている．このため，都計法が改正されれば建基法も改正され，その逆もある．

建基法の始まりは，東京市区改正土地建物処分規則（1889）である．その後，市街地建築物法を経て現行法（1950）となる．その第三章に「都市計画区域等の敷地，構造，建築設備および用途」がある（表 2.1）．これを**集団規定**とよび，都市計画に直接関わる内容が定められている．

都市再開発法（再開発法）は，都市施設の老朽化や，都市や都市機能の革新の要求に応えることなどをふまえた法律である．「市街地の計画的な再開発に関し必要な事項を定めることにより，都市における土地の合理的かつ健全な高度利用と都市機能の更新を図る」ものである（再開発 1 条）．その核心が，表 2.1 の再開発法の第三章，第四章における第一種，第二種市街地開発事業であり，具体的なことは 10.3 節に述べる．

以上の都市三法に加え，もう一つの注目は"都市の再生"を内容とする**都市再生特別措置法**（都市再生法）である．バブル経済崩壊後，景気低迷期を脱し，活力の向上を図ることを目的に 2002 年に制定された．

その後，国際化が一段と進み，情報社会が進展する一方で，2010 年頃になると少子化・高齢化が一層進み，人口減社会に突入した．また，立て続けに大規模自然災害に遭遇した．これらから都市再生法もたびたび改正されている．

都市再生法の目的は，「近年における急速な情報化，国際化，少子・高齢化の社会経済情勢の変化にわが国の都市が十分対応できたものになっていないことに鑑み特別の措置を講じる」とするものである（都市再生 1 条）．具体的には，表 2.1 の同法四～六章の**都市再生緊急整備地域**（10.5，6.5 節），**都市再生整備計画**（10.5 節）および**立地適正化計画**（5.4，6.5 節）の諸内容であり，いずれも都市計画と深く関わりがある．

つまり，都市三法は，いずれもその目的に「公共の福祉の増進」がうたわれ，ある意味では都市づくりの基本を定めるものである．

一方，都市再生法は，都市が置かれている現実，将来の予測や環境を考慮し，社会構造の転換，国民経済の健全な発展，国際社会への対応，国民生活の向上に寄与する施策の展開である．

これらから，都市計画に関する法律群の中で，都市三法に都市再生法を合わせた 4 法が基本的かつ基幹的であり，現代および近未来において，健全な都市を整備・開発・保全するための重要法である．

▶2.2.2 その他の法律

上述の他にも，都市および都市計画に関連する法律は，都市の諸構成内容との関わりからさまざまなものがある（巻末の参考資料の最右列参照）．それらを表 2.2 に示す．これらは，都計法などとともに，その中の諸事項の具体的なことを定める法律群である．

一覧すれば，戦後間もなく戦災復興の都市建設が始まり，その関連法，社会資本の整備，都市開発，災害・公害防止に関する法律が順次制定されてきた．それらに加えて，環境，災害，まち・市街地，社会問題に類別される各法律の制定や改正が時代を追い続けている．

あるいは，都市計画への関連でみれば，密集市街地法や都市公園法のように都市計画区域への適用を主にする法律がある．その一方で，道路法や災害対策基本法，環境基本法のように，国内諸地域の整備課題に適用される中で，都市整備にも適用される法律がある．

これらのことをふまえ，諸法律の制定年次をたどれば，都市づくりの基本事項が積み重なり，より総合的な都市整備の内容を充実させてきた

表2.2　都市計画に関わる諸法[1]

| 1949〜　特別都市建設：平和記念都市建設法，旧軍港市転換法，国際文化都市建設法など |
| 1952〜　社会資本：道路法，都市公園法，駐車場法，下水道法，河川法など |
| 1954〜　都市開発：土地区画整理法，新住宅市街地開発法など |
| 1961〜　災害防止：地すべり等防止法，災害対策基本法，豪雪地帯対策特別措置法，河川法など |
| 1968〜　公害防止：大気汚染防止法，騒音規制法，水質汚濁防止法 |
| 1950　建築基準法（新），1968　都市計画法（新），1969　都市再開発法 |

環境関連	災害関連	まち・市街地関連	社会問題関連
1971　悪臭防止法	1969　急傾斜地災害防止法		
1972　自然環境保全法			
1976　振動規制法		1973　都市緑地法	
1978　空港騒音特法	1978　大規模地震対策法		1982　国連障害者10年
1980　沿道整備法	1995　阪淡・淡路大震災	1987　民間都市開発法	1989　土地基本法
1993　環境基本法	1995　被災市街地復興法	1997　密集市街地法	
1997　環境アセス法	1998　被災者生活再建支援法	1998　中活法	1999　高齢者対策基本法
1998　地球温暖化対策法		2000　都市再開発法改正	
2000　循環型社会推進	2001　中央省庁再編（国土交通省，環境省）		
形成基本法	2003　特定都市河川浸水対策法	2002　都市再生法，構造改革特別区域法	
2002　土壌汚染対策法		2004　景観法	2006　バリアフリー新法
2008　生物多様性基本法	2011　東日本大震災	2008　歴史まちづくり法	2007　広域地域活性化法
	2011　津波対策推進法，津波防災地域法		
	2013　大規模復興法，国土強靭化基本法	2012　総合特別区域法	2013　交通政策基本法
2012　都市低炭素化法		2013　国家戦略特区法	
2015　国連SDGs		2014　中活法改正	
2018　気候変動適応法		2020　都市再生法改正	2020　土地基本法改正

ことがわかる．同時に，分野別に国内外のできごとを機にして戦略的な都市づくりへの展開，特定課題への対処が進む状況を読み取れる．

2.3　上位計画

　都市は，国土の一地域を構成する市街地やまちである．したがって，次章以降の具体的な都市計画の内容を考えるにあたり，2.1.2項の基本理念はもちろんのこと，都市計画に関わるさまざまな上位の広域計画などを参照し，念頭におくことが大切である．主な上位計画を表2.3に示す．それらを概観すると，次のようになる．

- 当該都計区域を内包し，それよりも広範な範囲（全国，地方，都道府県，圏域など）を対象にする広域計画
- おおむね当該都計区域とその隣接地域を対象に，都市計画以外の諸事項（産業振興，観光政策，環境問題など）を含み，互いに調整が図られる総合計画
- 上記の広域性と総合性の両観点を合わせて含む総括的な計画

　すなわち，計画のテーマからみれば，全般，特定課題，特定の地域および周辺環境に関わる各内容に分けられ，また，長期展望の下での中期，中期展望の下での短期といった時間関係の繋がりがある．

　これらから，上位計画は，都市計画の内容に直接関わるものもあれば，そうでなく間接的な

表2.3 都市計画に関連する主な上位計画

	方針，計画	根拠法		方針，計画	根拠法
全国	国土形成計画 国土利用計画 社会資本整備重点計画 交通政策基本計画 防災基本計画 豪雪地帯対策基本計画	国土形成計画法 国土利用計画法 社会資本整備重点計画法 交通政策基本法 災害対策基本法 豪雪地帯対策特別措置法	地方	過疎地域自立促進方針 　　　　　　（都道府県） 山村振興基本方針 山村振興計画 半島振興計画 離島振興基本方針 離島振興計画	過疎地域自立促進 特別措置法 山村振興法 〃 半島振興法 離島振興法 〃
大都市圏	首都圏整備計画 振興拠点地域基本方針 近畿圏整備計画 中部圏開発整備計画	首都圏整備法 多極分散型国土形成促進法 近畿圏整備法 中部圏開発整備法		地域防災計画 　　　　（都道府県等） 豪雪地帯対策基本計画 　　　　　　　（道府県）	災害対策基本法 豪雪地帯対策 特別措置法
地方	広域地方計画 国土利用計画（都道府県） 土地利用基本計画	国土形成計画法 国土利用計画法 〃		総合計画（都道府県） 総合計画（市町村）	都道府県条例 市町村条例

関係のものまでさまざまである．したがって，計画の目的や基本方針，課題を明確にする過程で，どのような計画を前提にするかの検討が必要である．その多くは，国，地方，当該都市といった地域の系列や，計画事項の関係性・類似性・時系列性などから読み取ることができる．

また，都計法などで"基づく"，"即す"などと条文に記載されるものがあるが，それらは都市計画のプロセスに応じて先行する計画内容が前提になることを表す．

2.4 国土利用五地域間の調整

▶2.4.1 国土利用とその課題

わが国の国土面積は38万km²であり，その3分の2が森林である．一方，農地12%，道路4%，宅地5%で，合わせても21%である（2017年）．この状況は，わが国が島々からなり，しかも隆起・沈降や火山などにより形成され，地質年代が若い山々が多く，利用可能な国土が限られることによる．

1960年代後半以降には，高度経済成長や列島改造ブームに沸き立ったものの，行き過ぎたバブル経済で，異常な土地の買い占めや投機による地価の高騰に見舞われた．その後，1990年代になるとバブル経済がはじけ，投機目的の土地は地上げの途中で放置され，多くの遊休地が発生して社会問題になった．そして現在，大都市への人口集中がいまだ一部に続くが，多くの都市で人口減少に伴う衰退が懸念されている（図2.1参照）．

すなわち，前述の国土においてさまざまな利活用や保全のうえで難題があり，その中の都市に関わるものを拾い出せば次のとおりである．

- 土地の流動性が低く，職住近接する場所で，良好な住宅地を取得することは容易ではない．商業施設や工場の配置がいびつ化し，社会基盤の整備を困難にしているからである．これらは不合理な土地利用の展開，非効率な都市活動，市街地の過密化による．

  一方，都心とその周辺では，商業施設や工場が郊外へ移転し，空洞化するインナーシティ問題が発生している．

- 都市では他地域に比べて地価が高いことから，個々の所有面積が細分され，過小な宅地が多い．このため生活環境の悪化を招き，あるいは，火災などの延焼が懸念され，適正な土地利用を難しくしている．

気候変動・自然災害・環境問題の深刻化
限界集落
離島・中山間地
農山漁村
過疎社会
居住・都市機能の衰退
小都市
ミニ都市
中都市
まち中の問題
スポンジ化
インナーシティ問題
過密社会
巨大都市
大都市
人口減・高齢社会，交流社会，国際的競争社会

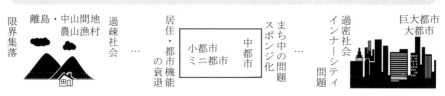

図 2.1　国土の土地利用における課題の全体イメージ

- 大都市周辺では平地部を埋め尽くし，丘陵や山腹が無理に開発され，河川の氾濫や斜面崩壊が頻発している．臨海部の埋立て地では，地震による地盤の液状化や津波，高潮の直撃に悩まされている．

一方，中山間地や農山漁村からみれば，21 世紀に入り村や町の過疎化が一段と進み，場所によっては集落の維持が難しく，消滅の恐れさえある．この原因は，人口減・高齢社会の進展と，都市への人口流出が主である．

つまり，冒頭に述べた厳しい国土の利用にあたり，都市と田舎が対をなす問題は，個別の地域や都市だけでは解決できない．これらは，気候変動や災害，環境問題を含め，地域間の繋がりや広がりの中で，長期的視野で協調して取り組む課題である．こうしたことから，国土利用計画法や土地基本法が定められている．

▶2.4.2　国土五地域間の調整

国土利用計画法には，国土利用計画と土地利用基本計画がある（図 2.2）．そのうち，国土利用計画は総合的かつ長期の視野で国土を健全に利用することを目的に策定され，その内容は次の 3 項目である．

---

① 国土の利用に関する基本構想
② 国土の利用目的に応じた区分ごとの規模の目標とその地域別の概要
③ 上記二つの事項を達成するために必要な措置

全国，都道府県，市町村の 3 レベルで，当該レベルの計画が，上位レベルの計画に基づき策定される．

本計画における利用区分は地目別（土地の用途による分類）で，農用地，森林，原野，水面・

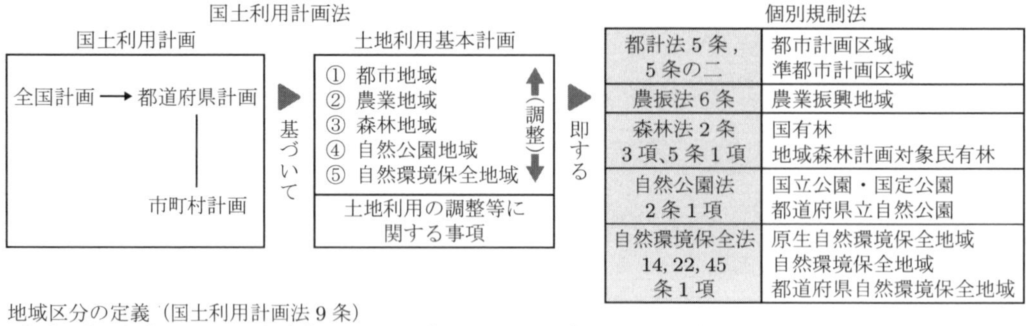
国土利用計画法
国土利用計画
全国計画
都道府県計画
市町村計画
基づいて
土地利用基本計画
① 都市地域
② 農業地域
③ 森林地域
④ 自然公園地域
⑤ 自然環境保全地域
（調整）
土地利用の調整等に関する事項
即する
個別規制法
都計法 5 条，5 条の二
都市計画区域
準都市計画区域
農振法 6 条
農業振興地域
森林法 2 条 3 項、5 条 1 項
国有林
地域森林計画対象民有林
自然公園法 2 条 1 項
国立公園・国定公園
都道府県立自然公園
自然環境保全法 14, 22, 45 条 1 項
原生自然環境保全地域
自然環境保全地域
都道府県自然環境保全地域

地域区分の定義（国土利用計画法 9 条）
①「一体の都市」として，総合的に開発し，整備し，及び保全が必要な地域．
②「農地として利用すべき土地」があり，総合的に農業振興が必要な地域．
③「森林の土地として利用する土地」があり，林業の振興または森林が有する諸機能の維持増進が必要な地域．
④「優れた自然の風景地」で，その保護および利用の増進が必要な地域．
⑤「良好な自然環境を形成している地域」で，その自然環境の保全が必要な地域．

図 2.2　国土利用計画および土地利用基本計画と個別規制法の関係

河川・水路，道路，宅地，その他である．この地目別面積の将来目標値は，地域の状況とその変化の見通しをふまえ，かつ自然や社会・経済条件に基づくものである．また，必要な措置は土地利用の調整，地域整備施策の推進，治水施設の整備などである．

土地利用基本計画は，国土利用計画を基本にして都道府県が定める．これには土地取引や開発行為の規制，遊休土地に関する措置を含む．その際の地域区分は，図2.2の①〜⑤に示す都市，農業，森林，自然公園および自然環境保全の五地域である．

五地域はいずれも図中に示す個別の規制法に基づいて利用され，それぞれで主旨が異なる．このため，個別の検討では地域全体でみた総合的な視点に欠けるなどの問題があり，地域間相互の調整が必要である．

つまり，五地域では，図2.2右上に示すように，個々の規制法により各々の区域，地域などが指定される．表2.4は，それらの区域などで，重要な土地の範囲（都市計画区域でいえば市街化区域）とそれ以外に細分し，それらと都市地域との対応を抜粋したものである．

都市地域（表中アミかけ部分）は，都市の市街化区域とそれ以外に分けて調整する（5.2節）．その要点は，市街化区域と農用地，保安林，自然公園および自然環境保全の特別地域・地区との間で不必要に重複させないことである．また，それ以外は必要に応じて調整する．つまり，2.4.1項の課題を念頭に，国土利用計画→土地利用基本計画→都市地域の順に都市地域のあり方を大局的に検討することであり，今後，ますます重要である．

表2.4 土地利用基本計画における計画書の目次と調整指導方針

i 土地利用の基本方向
 （1）土地利用の基本方向
 （2）土地利用の原則 都市地域，農業地域，森林地域，自然公園地域，自然環境保全地域
ii 五地域区分の重複における土地利用に関する調整指導方針
iii 土地利用上配慮すべき公的機関の開発保全整備計画 付図：土地利用基本図
（調整指導方針）

地域区分		都市地域		(注) 空白は重複が考えられず省略.	
		市街化区域	左記以外		
農業地域	農用地		農用地優先	農業地域	
	上記以外		農業用地と調整して都市的利用を認める	農用地	左記以外
森林地域	保安林		保安林利用優先		保安林利用優先
	上記以外	都市利用優先だが，緑地として森林保全	森林利用と調整して都市的利用を是認	原則農用地．ただし調整して森林利用是認	森林利用優先．ただし調整して農業利用是認
自然公園地域	特別地域		自然公園の保護利用優先	自然公園の保護利用を優先	
	普通地域	自然公園機能と調整し都市的利用を図る	両地域が両立するよう調整	両地域が両立するよう調整	
自然環境保全地域	特別地区		自然環境の保全を優先	自然環境の保全を優先	
	普通地区		両地域が両立するよう調整	両地域が両立するよう調整	

第 **3** 章

都市計画区域と準都市計画区域

　都市計画のはじめに重要になるのが，都市計画区域と準都市計画区域の設定である．本章ではそれらを説明し，合わせて実務に必要な都市計画の基礎調査や情報公開，都市の将来展望に必要な人口と経済指標の実務的な予測法を概説する．

3.1 都市計画区域

　良好な都市を効果的かつ効率的に形成することは，都市地域およびその周辺において，都市計画区域の範囲を指定することに始まる．そして，その手掛かりが都市法5条第1項である．

　都市計画区域（都計区域）とは，「市または人口1万以上や都市的就業者50%以上などの要件に該当する町村の中心の市街地を含むこと」とともに，「自然的及び社会的条件，人口，土地利用，交通量，その他の現状及び推移」を考慮して，「**一体の都市として整備し，開発し，保全する必要性がある区域**」である（図3.1）．その際，市町村の区域の内外，あるいは市町村境界にこだわることはない．

　図3.2は，都計法5条第1項をもとにした都計区域設定の手順である．上位計画をふまえ，都計区域を包括するとみなされる範囲を対象に，DID図や上位計画，将来のプロジェクトなどの見通しをふまえながら適度な地区に細分する．そのうえで次の手順をふむ．

手順1：地区別の現在および将来人口や産業と，自然条件や地形，土地利用などの現状と今後の推移を考え，おおよその検討範囲を定める．

手順2：手順1で定めた範囲で核となる中心市街地を明らかにし，それらとの関係を考えながら，図3.2の「ゾーン別の検討」の各枠内の諸事項について，地区ゾーンごとに都計区域に含めることが妥当か否かを判断する．このことをすべてのゾーンで行う．

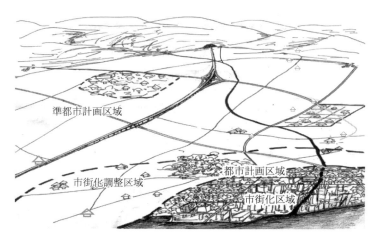

図3.1　都市計画区域および準都市計画区域のイメージ

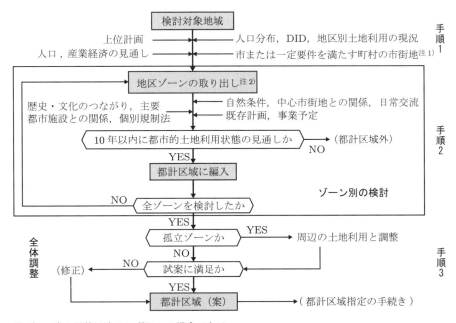

注1) 一定の要件は次のいずれかの場合である.
  ① 人口1万人以上で，商工業等の都市的業態従事者が全従業者の50%以上.
  ② 発展動向から，おおむね10年以内に①になる見通し.
  ③ 中心市街地形成の区域（人口密度40人/ha超の市街地連坦区域，それに近接の
    集落を含む区域）内の人口が3000人以上.
  ④ 温泉等の観光資源で多数の人が集まり，とくに良好な都市環境の形成が必要.
  ⑤ 火災，地震災害などで市街地形成区域の相当数の建物が焼失し，健全な復興が必要.
注2) 町内会や学校区，国勢調査の基本単位区，地域メッシュなどが考えられる.

図3.2 都市計画区域（案）の設定手順

手順3：全体を眺め，規模の小さな都計区域の孤立や，都計区域の中に小規模な非都計区域の穴がないかなどをチェックする．合わせて都市としての一体性や土地利用基本計画と整合するか，他の個別規制法との関係に矛盾がないかを点検する.

その結果得られるものが都計区域の試案である．この試案を，関係する市町村と十分に協議して，総合的に判断されたものが都計区域（案）である．また，市民意見に加え，都道府県都市計画審議会の意見を聞くとともに，国土交通大臣と協議して同意を得なければならない（4.2節）.

これで都計区域が指定され，その後直ちに国土交通省令に従い公告されるが，次の点で注意が必要である（都計5条第2〜6項）.

• 都道府県は，首都圏整備法，近畿圏整備法，中部圏開発整備法の都市開発区域や新たな住居都市，工業都市などを都計区域に指定する.

• 都計区域が二以上の都府県に跨る場合の扱いは，国土交通大臣があらかじめ関係都府県の意見を聞いて指定する．この場合，都府県が意見を述べるとき，関係市町村および都府県都市計画審議会の意見を聞く必要がある.

1.1節に述べたように，市町村の規模は主に人口と市街地の展開状況に基づいているが，高齢社会が進む20世紀末に至り，人口減，行財政基盤の強化，地方分権の推進を目的にして全国的に市町村合併が促進された．その結果，

1999年の市町村数3229は2022年には1724に集約された．このことを都計区域の観点からみれば，それまでの個別のものを単にまとめたに過ぎず，区域の一体性の点で課題が残る状況である．また，人口減・高齢社会で居住や都市機能の適正な立地が問題である．

ちなみに，2022年時点での全国における都計区域の数は996である．その総面積は国土の27％，人口は全人口の94％を占める[5]．大雑把にいえば，一つの都計区域あたり面積は約1万ha，平均人口は12万人である．このことと，人口で大都市に偏重する状況をふまえると，都計区域に関する前述の検討を積極的に推進する必要がある．

3.2　準都市計画区域

わが国は，国土の73％が都計区域以外である．そこでは自然環境が保全され，農林漁業などに利用されている．ところが，過去にはそうしたところの利用上の規制がなかった．このことから，幹線道路の沿道や高速道路インターチェンジ付近などに交通の便利さと農地や空き地を活かして，周辺環境に適さない土地の改変がみられた．たとえば，大規模商業施設やパチンコ店などの不適切な進出である．

そこで対策として導入されたのが，準都市計画区域である（都計5条の二）．「都計区域外の区域のうちで，相当数の建築物やその敷地の造成が行われ，あるいは行われると見込まれ，かつ自然的および社会的条件，農業振興法などの土地利用規制に配慮するとともに，放置すれば将来の都市としての整備，開発および保全に支障をきたすと判断される区域」を準都市計画区域（準都計区域）に定める．その指定は都道府県が行い，国土交通省令で公告されるが，国土交通大臣の同意が求められない点で都計区域と異なる．

都計区域の計画では，市街地の整備や開発と保全の両面がある．これに対して準都計区域では，その定義をふまえると，整備・開発はなく，保全に関わる規制のみである．表3.1の1に示す8種類の地域地区の規制が適用され（6章など），また，一定規模以上の開発は許可が必要である（15.1.3項）．後章に述べる土地利用に関わる区域区分や地区計画等並びに市街地開発事業などは適用されない．

要するに，上述を総括する意味で都市計画の基準（5.6節）に従えば，準都計区域の都市計画には「土地利用の整序または環境の保全を図るため必要な事項」を定めなければならない．そして，自然環境の整備または保全，農林漁業の生産条件の整備に配慮する．そのうえで，住居環境を保護し，良好な景観を形成し，風致を維持し，公害を防止するなどの観点で地域環境を適正に保持する（都計13条第3項）．

準都計区域の全国の指定数は47区域（令和4年度末）である．準都計区域の指定後に都計区域が指定されることも考えられる．その場合

表3.1　準都市計画区域における規制

1	地域地区：以下の8種類に限り定めることができる（都計8条第2項）． 用途地域（6.2節），特別用途地区（6.3節），特定用途制限地域（6.3節）， 高度地区（最高限度）（6.4節），景観地区（13.2節），風致地区（8.3節）， 緑地保全地域（8.2節），伝統的建造物群保全地区（13.4節）
2	開発許可：原則，開発面積3000 m² 以上に適用（15.1節）
3	建築確認：建築物等の新築や増改築移転（床面積10 m² 以内を除く）は， 事前に確認が必要
4	土地取引：1万 m² 以上は届出が必要

は準都計区域を廃止し，あるいは重複区域を除き，改めて準都計区域とする措置をとることになる．

3.3　基礎調査と情報公開

▶3.3.1　調査のあり方

都市計画の各内容は，都市の生活や活動に大きな影響があり，市民にとって重要である．このため，都市計画の諸内容を作成するにあたり，関連する都市の実態の適切な調査，計画課題の明確化，および将来の展望が必要である．

しかし，それらで求められるデータとその精度は，調査内容や調査方法によって変わる．調査の実務における基本について説明する．

（1）現地調査と資料調査

調査は，現地での調査または観測（現地調査）と，既存資料の収集（資料調査）とに大別できる．前者は観測時点のデータが得られる．後者は手軽だが，入手困難であったり，時期や場所がずれていたりなど難しい面がある．

（2）全数調査と標本調査

現地調査は現時点のデータの入手が主であり，その方法に国勢調査のような全数調査と，世論調査のような標本調査がある．全数調査は調査対象のすべての母集団の所属個体を調査することであり，調査の結果のひずみがなく精度は高いが，費用，期間，労力が大きい．

標本調査は全数から所要の比率で標本を抽出しての調査であり，費用や労力の点で望ましい．しかし，標本の選び方などによる調査の偏りが懸念され，標本数が少なければ精度が劣る問題がある[8]．

（3）現地調査の実施方法

都市計画のための調査の実施方法は，アンケート，測量，人工衛星やドローンなどによる航空写真，3D 画像などと多様である．データ

の内容および精度を考慮し，これらを使い分けることが重要である．

（4）調査結果のファイル化と復元

調査結果はファイルにまとめてストックする．それらのうち既存資料や記録写真は利用の便を考えて項目を系統立てて整理することが肝要である．

つまり，アンケートなどは，回答を記号で表現し，あるいは観測値と合わせて体系化することが望ましい．その際，全数調査ではそのまま整理できるが，標本調査は 2 通りがある．

一つは標本のまま整理し，その分析で標本の背後にある母集団の特性を統計的に推測する方法である．

もう一つは，概略ながら母集団を復元する方法である．母集団を適切にグループに分け，その母数に対する標本数の比率から拡大係数（＝1/抽出率）を求め，標本データとともにデータ化して記録することである．前者に比べて，グループ別標本数抽出のひずみがある程度避けられる．

（5）地理情報システム

最近では，上記以外に，空間上の特定の地点や地区の情報として電子地図にして可視化した地理情報システム（GIS）が用いられることも多い．これは，地理空間情報活用推進基本法（2007）のもとでの都市計画に関わる地図データを作成したものの活用であり，そのまま可視化できて便利である．

▶3.3.2　基礎調査

都市計画では，あらゆる計画段階で幅広いデータが必要だが，そうした内容は各自治体や国の関係機関で調査されているものが多い．このことから，市町村の協力を得ながら，都道府県がおおむね 5 年ごとに都市計画に関わるデータを集め，集大成し，関係市町村長に通知している．それが「都市計画の基礎調査」であり，

調査の無駄を省く工夫である.

都計区域に関しては，人口，産業別就業人口，市街地面積，土地利用，交通量，その他（都計施行規則5条）の諸事項の現況および将来の見通しについての事項がある（都計6条第1項）.

準都計区域では，必要な場合，土地利用その他や，世帯数・住宅戸数などの現況および将来の見通しに関する事項である（都計6条第2項）.

なお，これらの調査に関連した国や諸行政機関が行うさまざまな結果については，政府統計の総合窓口（e-Stat）（総務省統計局）からの公表がある[2]．都道府県や市町村からも，自然，生態，地質，さらに人口関連，社会経済関連の多くのデータが公表されている.

▶3.3.3 情報の公開

都市計画に関わる情報は，都市住民に対して公開しなければならない．これは，土地開発を行うにしても，建築物を建築するにしても，都市計画と調和させるために必要である．新たに都市計画を検討する場合も，それまでの状況や類する計画事例の情報が必要である．したがって，2.1.2項に述べたように，国や地方公共団体は情報提供に努めなければならない.

土地利用のための地域地区，道路や下水施設などの都市施設の整備状況，市街地の開発事業，浸水や震災のハザードマップやリスクマップ，避難場所などの情報は住民に必要な情報である．これらは各自治体の担当窓口で入手できるが，主要なものはWeb上にも公開されている[7].

3.4 人口と経済効果の予測

都市づくりは，過去，現在だけが問題ではない．そのための諸内容を検討するに際し，その将来を適切に予測し，需要に見合う健全な都市

として持続可能な整備を行われなければならない.

つまり，都市の規模は，人口や経済活動量が基本である．あるいは，社会，産業・経済，さらには環境，災害などさまざまな観点で将来を推し量る必要がある．とくに，人口に関わる各指標および産業経済活動の効果を推し測ることが大切であり，これらについて，都市計画の実務で活用されている分析・予測法を紹介しよう.

▶3.4.1 人口の予測[8]

人口指標は，常住人口（以下，単に人口という），あるいは性別，年齢別，職業別人口やそれらの動態人口に関するものが主であり，関連して住民基本台帳と国勢調査の時系列データの蓄積がある．したがって，その分析を通じて将来予測が可能であり，主な手法は以下のとおりである.

（1）数式モデル

人口は，時代とともに変化するが，戦争や突発的な大規模災害がなければ，前述の基礎調査によるデータを直接活用できる．時系列データの傾向変動を分析し，人口を時間（通常，年単位）の関数で表現する時系列モデルの構築が可能である.

時系列モデルは，近い将来で単調に変化する場合に用いることができる．しかし，最近のように人口が増加から減少へとピークをもつ変動では願望とは異なることから恣意的になりがちである．あるいは逆に，それだからこそ都市計画でさまざまな施策を検討し，実施して発展を期待しての計画であるとの反論もある．これらのどちらの立場に立つかを熟慮し，モデルを構築し活用することが望ましい.

また，別の数式モデルに回帰モデルがある．これは，人口を被説明変数 Y にして，それと関連が深い指標（たとえば，可住面積，三次産業の販売額など）を説明変数 $X_1, X_2, \ldots$ とし，

モデル式 $Y = f(X_1, X_2, ...)$

を重回帰分析してモデルを作成する。このとき，説明変数の将来値を別途明らかにすれば，将来人口が予測できる。

ただし，回帰モデルは，説明変数の選び方に議論の余地がある。すなわち，説明変数と被説明変数との間に因果関係が推測されるか，説明変数の将来値が得られるか，できあがったモデルの係数の符号や説明性に合理性があるかなどに注意が必要である。

（2）密度による方法

過去のデータから，中心市街地，周辺地，郊外地，工業地などに分けて人口の密度を求め，それを新たな都市や開発地に当てはめ，各々の計画面積を掛ければ，開発後の各地の人口が予測できる。

あるいは，大規模な住宅団地や工業団地，商業地の面積に，敷地面積や床面積あたりの人口や従業者数を掛ければ，各々の人口や従業者数が推測できる。

しかし，通常用いる密度は経験値であり，高度の技術革新や新たな産業の展開，社会経済制度の変革，市民意識やライフサイクルの変化を十分に反映できない問題がある。

（3）コーホート要因法

コーホート（cohort）とは，性別や年齢層（通常は5歳刻み）などで共通するグループのことである。このコーホートごとの人口の変化を出生，死亡，社会移動の3要因で捉える分析法をコーホート要因法という。

あるコーホート人口に生残率（＝1－死亡率）を掛ければ，次の時代における生存人口が得られる。出生率を掛けて加えれば，新たに誕生した最小年令層のコーホート人口が求まる。さらに，コーホート別の対象地域外からの流入人口と地域外への流出人口の差を求めれば，社会移動人口の増減が得られる。したがって，次のコーホート年齢層で刻む時代の人口は，これら三つの要因別人口を合わせたものである。

すべてのコーホートに上述の考えを適用し，それを繰り返せば，所要の将来時点のコーホート別人口が予測できる。この方法は，国立社会保障・人口問題研究所で，全国，都道府県，市町村単位の将来人口の予測に用いられ，その結果が公表されている[9]。

（4）ブレイクダウンによる方法

地域や内容を細かく分けるほど，データに異常値が混じる度合いは高くなる。また欠損データも多くなる。このことから，詳細な地域区分や，職業別，性別・年齢別人口への適用には限界がある。

そうした場合に用いられる方法がブレイクダウン方式である。市区町村や校区などをある程度まとめた地域の居住人口などを前述のようにして予測し，それに構成比を掛けて，より細かな地区別人口や職業別人口，性・年令別人口などを推測する方法である。一例に，居住人口を産業別の就業人口，従業人口に振り分ければ，図3.3のとおりである。この場合も，その精度は就業率や構成比などが適正に把握できるかにかかっている。

▶3.4.2 経済効果の予測[10]

都市整備を考えるにしても，当然ながら産

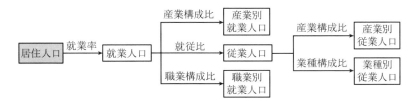

図3.3 居住人口から産業別就業人口，従業人口へのブレイクダウン

業・経済活動の発展を考え，そのための土地開発や都市施設の導入，市街地開発事業の推進などを想定するのが望ましい．そして，その波及効果としての所得や消費の拡大，都市の従業者や雇用者の増加への期待があるが，個別の施策の効果を直接推し量ることは容易でない．そうした中で比較的わかりやすく，よく用いられているのが産業連関表（投入産出表ともいう）による分析である．

表3.2 は，産業連関表の基本形である．一定の区域を定め，ある期間（通常，1 年間）における諸産業間の財・サービスの売り手と買い手による取引を金額で推し量り，それらの構図を示している（図3.4 参照）．

各部門の産出と投入の把握ができ，「部門の総投入額＝部門の総産出額」とすれば，表の行，列は次の意味をもつ．

- -

- 表の行は，産業 i の産出物（財・サービス）の各産業への販売構成と最終需要等の構成を示す（式(1)）．

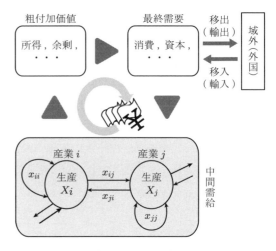

図3.4　産業連関による産業経済循環

- 表の列は，産業 j の原材料の投入構成と粗付加価値の内訳を示す（式(2)）．

- -

式(1)，(2)はともに N 個の連立方程式である．その際，他地域からの移入や他国からの輸入 M_i があれば，その分だけ域内の生産による需要は減少する．これは，式(1)で $(-M_i)$ の項を右辺に挿入して考慮できる．なお，式(2)

表 3.2　産業連関表

		内生部門				外生部門					移輸入控除	域内生産額
	需要部門（買い手）	中間需要				最終需要						
供給部門（売り手）		産業1	産業2	…産業 j	産業 N	計	消費	固定資本	在庫	移輸出	計		
内生部門	中間投入	産業1 産業2 ⋮ 産業 i ⋮ 産業 N	販路構成・産出 → $[x_{ij}]$（中間の需給関係）				①（最終需要の内訳）				F_1 F_2 ⋮ F_N	M_1 M_2 ⋮ M_N	X_1 X_2 ⋮ X_N
	計	費用構成・投入										
外生部門	粗付加価値	雇用者所得 営業余剰 ⋮ 補助金（控除）	②（粗付加価値）の内訳									
	計	V_1	V_2	$\cdots$	V_N							
域内生産額		X_1	X_2	$\cdots$	X_N							

備考　｜｜　列ベクトル
　　　[ ]　行列，行ベクトル
i：行　j：列　N：産業部門数
x_{ij}＝産業 i の生産物（財・サービス）から産業 j への投入額

連関表から

横行　$x_{i1} + x_{i2} + \cdots + x_{iN}$
$\quad + F_i - M_i = X_i$ (1)
$\quad (i = 1, 2, ..., N)$

縦列　$x_{1j} + x_{2j} + \cdots + x_{Nj}$
$\quad + V_j = X_j$ (2)
$\quad (j = 1, 2, ..., N)$

$\alpha_{ij} = x_{ij}/X_j, \ m_i = M_i/X_i$
とすれば，
式(1)の行列表示は
$$\boldsymbol{AX} + \boldsymbol{F} - \boldsymbol{M}^*\boldsymbol{X}$$
$$= \boldsymbol{IX} \quad (3)$$
ここに，$\boldsymbol{A} = [\alpha_{ij}]$
$\quad \boldsymbol{I} =$ 単位行列
$\quad \boldsymbol{F} = |F_i| \quad \boldsymbol{X} = |X_i|$
$$\boldsymbol{M}^* = \begin{bmatrix} m_1 & & 0 \\ & m_2 & \\ & & \ddots \\ 0 & & m_N \end{bmatrix}$$
式(3)から次式が得られる．
$$\boldsymbol{X} = [\boldsymbol{I} - (\boldsymbol{A} - \boldsymbol{M}^*)]^{-1}\boldsymbol{F}$$
$$(4)$$

の粗付加価値 V_j は，製造経費や人件費，営業利益，賃借料，租税公課，支払利息，減価償却費などの合計である．

式(1)の行列表示式(3)で，域内生産額 $\boldsymbol{X}$ を未知にして解けば式(4)が得られる．これをもとに内生部門の諸量の推定手順を組み立てれば，次とおりである．

手順1：表3.2において，過去の実績調査から産出投入関係の実績 $[x_{ij}]$，および表中の①，②や M_i のデータを入手する．そして，それらの集計値や投入係数 α_{ij}，移輸入係数 m_j の諸値を求めれば，表中の式(3)の解である式(4)の逆行列係数が算出できる．

手順2：投入係数や移輸入係数がこれからも変わらないと仮定し，施策実施後の最終需要

$\boldsymbol{F}$ を別途予測し，それを式(4)に代入し，施策実行後の域内生産額 $\boldsymbol{X}$ を求める．

手順3：X_j と投入係数から取引関係 $[x_{ij}]$ の各値を求め，また式(2)から粗付加価値 $\{V_j\}$ を予測する．

産業連関表は，国，都道府県，市町村のそれぞれで作成される．国の場合でいえば，産業に関して182，105，37，13の内生部門に区分するケースが用いられている[10]．そのうえで国や各自治体では5年ごとにデータを更新し，大小の産業部門構成に対する逆行列係数 $[\boldsymbol{I} - (\boldsymbol{A} - \boldsymbol{M}^*)]^{-1}$ を算出・公表している．したがって，実務では，それを $\boldsymbol{F}$ とともに式(4)に代入して $\boldsymbol{X}$ を求めるだけとなり，手順3の計算を行えばよい．

第 4 章

都市計画の内容と決定手続き

都市計画には土地利用などさまざまな計画や事業があり，それらには住民意見を反映させ，公平な決定手続きが必要である．本章では，それらのことを説明するとともに，市民意見をくみ上げる提案制度や計画素案の作成方法，都市整備のマネジメントサイクルを説明する．

4.1 都市計画の内容

都計区域などではさまざまな都市計画の内容が定められ，都市の整備などが行われている．その全体項目は都計法第二章第一節に示されている（巻末の参考資料参照）．実に多彩であるが，要約すれば次のとおりである（図 4.1 参照）．

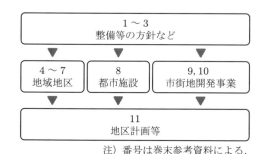

注）番号は巻末参考資料による．

図 4.1　都市計画の内容

（1）都市計画の基本方針

都市計画区域の整備，開発および保全の方針などである．

（2）土地利用計画

都計区域等の整備等の方針があり，それに基づく区域区分の設定，地域地区の概念に基づく土地利用計画，そしてよりきめ細かな地区計画等といった 3 段階の土地利用計画である．

（3）都市施設

都市における公共施設（道路，公園，上下水道など），公益施設（学校，図書館など），医療・福祉施設などの計画と事業に関わるものである．

（4）市街地の開発事業

土地や都市施設，建築物等による面的，一体的なまちづくりのための開発事業である．

（5）その他

決定権限，提案制度，開発許可，施行認可，協定制度，財源制度などである．

上述の多くの内容は，計画に基づく都市の整備等に関わる規制・誘導，事業計画，実施手続きなどからなる．また，その成果は，土地利用の総括図，計画図および計画書の 3 点にまとめられ，これらを一括して「**都市計画の図書**」という（都計 14 条）．

その中で，総括図は，縮尺 1/25000 以上の用途地域を含む地形図に土地利用計画や都市施設の場所，事業の範囲などを書き込み，都市計画全体の中で当該計画を位置づけている．

計画図は各計画案を縮尺 1/2500 以上で描き，これに都市計画に定める事項やその理由を記す計画書が添えられる．

つまり，こうした図書は，市民の誰もが自己の権利の土地の区域について，都市計画において定められた状況が判断できることを考えての作成でなければならない（都計 14 条第 2 項）．

4.2 決定手続きと提案制度

▶4.2.1 決定者

都市計画を適切に推進するためには，土地や建築物などの権利者はもとより住民などの多くの合意を得ながらも，誰の責任で，どのような手続きを行い，決定するかが問われる．

その中で決定責任は，計画の内容に応じて国および地方公共団体が負う．かつては国を主体にしてきたが，地方分権が進んだ現在では，市町村や都道府県といった地方公共団体が主な決定権者である．すなわち，地域のことは地域でとの考えが基本であり，「**基本事項および広域的・根幹的事項などに限り都道府県は決定し，それ以外の内容は市町村が定める**」とされている（都計15条）．

この場合，都道府県の決定は以下のとおりである．

---

① 都市計画区域マスタープラン，区域区分及び都市再開発方針等に関する都市計画
② 地域地区のうち，都市再生特別地区，臨港地区（国際戦略，国際拠点，重要の各港湾に係るもの），二以上の市町村に跨る緑地保全地域および首都圏・近畿圏の近郊緑地特別保存地区，航空機騒音障害防止・同特別地区に関する都市計画
③ 一の市町村を超える広域の見地で決定する地域地区または都市施設で，もしくは広域的・根幹的都市施設で，政令に定める都市計画（都計令9条）
④ 国や都道府県などが施行すると見込まれる大規模な市街地開発事業などで，政令に定める都市計画（都計令10条）
⑤ 一の市町村を超える広域の見地から決定する都市施設または根幹的都市施設の市街地開発事業等予定区域として政令に定める都

市計画（都計令10条の二）

具体的には巻末参考資料のとおりだが，指定都市および都，国に関して次の特例扱いがある．

- 都道府県の決定権限のうち指定都市に関わるものは，一部を除いて都道府県から指定都市に決定権限が移譲されている（都計87条の二）．また，国土交通大臣あるいは都道府県は，指定都市の区域を含む都計区域の都市計画の決定・変更をしようとするとき，当該指定都市と協議するとの定めである（都計87条）．
- 東京都の特別区は市町村並みの扱いである（1.4節）．しかし，旧東京市に由来する23特別区は互いに連坦する市街地である．このため市街地形成や都市再生に関わる用途地域，特例容積率適用地区，上下水道などに関わる都市計画は都が決定する（都計87条の三，同施行令46条，あるいは巻末参考資料）．

都市計画の決定に関して注意が必要なことは，市町村が定める都市計画が都道府県のそれに整合しないときは，都道府県の計画が優先されることである（都計15条第4項）．また，二以上の都府県にわたる都計区域についての都市計画は，国土交通大臣および市町村が定める（都計22条）．ただし，現実にその事例はいまのところない．

▶4.2.2 決定手続き

都市計画の決定手続きは，**都市計画決定権者**（都計決定者）が市町村でも都道府県でも同様である．すなわち，図4.2に示すように，原案の作成，公告（広く一般に知らせること）・縦覧，各自治体の都市計画審議会の審議を経て都市計画決定を行い，告示（必要事項を公示する行

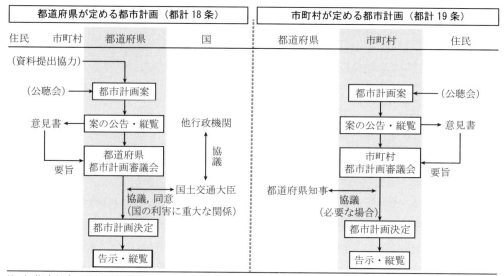

注1）指定都市の特例（都計87条，87条の二），都の特例（都計87条の三）に注意すること．
注2）国の利害に関係し，国土交通大臣との協議，同意が必要なもの．
（都計18条第3項，都計施行令12条）

一	都市計画区域の整備，開発及び保全の方針
二	区域区分
三	地域地区：都市再生法における都市再生特別地区など，明日香村法の第一種歴史的風土保存地区，第二種歴史的風土保存地区，歴史的風土特別保存地区，近郊緑地特別保全地区
四	都市施設：高速自動車国道，一般国道，首都高速道路，阪神高速道路，都市高速鉄道，成田・東京・中部・関西の各国際空港，国が設置する公園または緑地，一級河川，一団地の官公庁施設
五	一団地の官公庁施設の予定区域

図4.2　都市計画の決定手続き

為）・縦覧する一連の手順である．その中で，市民への縦覧や関係機関との協議・同意に関わる手続きなどがあり，次のことに留意が必要である．

- 都道府県の決定では，案の作成に関して市町村に資料の提出その他の必要な協力を求めることができ，逆に市町村の側からの申し出ができる（都計15条の二）．
- 案の縦覧は，都市計画決定の理由書を付して，公告の日から2週間かけて行われる（都計17条第1項）．また，住民の意見を反映させるため，公聴会や案の縦覧において意見書を提出できる（都計17条第2項）．
- 都道府県等の決定で，国の利害に重大な関係があるものは，あらかじめ国土交通大臣と協議し，同意を得る必要がある（図4.2

の注2参照）．

- 指定都市の決定手順について，前述の都道府県からの権限移譲に伴い，その事項に関する国との関係は都道府県と同様である．その他の事項は市町村の手続きと同じである．

ここで，都市計画決定の意味を明確にするため，都市施設を取り上げれば，その用語として次の使い分けがある（都計4条第5，6項）．都市施設とは，都市計画において"定められるべき"都計法11条に掲げる施設のことである．一方，都市計画施設とは，都計法11条に掲げる施設で，都市計画において"定められた"ものである．つまり，都計法11条の施設は，巻末参資の「8. 都市施設」に示す内容であり，その中で，都市計画に定められたものをとくに

都市計画施設（都計施設）という．また，都計法による都計決定の手続きを経て定められた都市計画を法定都市計画という．

▶4.2.3　提案制度

都市計画の提案は行政が行うことが多い．しかし，近年では市民のまちづくりへの参加意識が高く，そのことをふまえ，2002 年の都計法の改正で市民等による都市計画の提案制度が定められた．これは都市再生法にも導入されている．

（1）都市計画の決定等の提案

（都計 21 条の二〜21 条の五，75 条の九）

都計法第一章の「都市計画区域の整備・開発・保全の方針」，「都市再開発の方針」を除けば，都道府県または市町村に対して市民や団体が，都市計画の決定または変更について次のように提案できる．

- 一体利用ができる一まとまりの土地について，その権利を主張する法的要件（対抗要件）を備えた所有者等（地上権者，貸借権者）の一人または数人の共同による都計決定または変更の提案．
- まちづくり活動を目的とする非営利活動法人（NPO），一般社団・財団法人，都市再生機構，地方住宅供給公社，まちづくりの経験や知識を有する国土交通省令・自治体条例に定める団体や，指定した都市計画協力団体（都計 75 条の五）による都計決定または変更の提案．

計画提案は，政令に定める規模（原則 0.5 ha）以上で，その素案が都市計画基準（5.6 節参照）に適合し，かつ 2/3 以上の土地所有者等の同意（地積のうえでも 2/3 以上を占める場合に限る）が必要である（都計 21 条の第 3 項）．

提案後の手続きとして，提案を受けた地方公共団体は，提案内容の都市計画の決定・変更が必要か否かを判断する．必要ならば都市計画の案を作成し，都計決定の手順をふむ．逆に必要でないと判断される場合，当該要素を提出して都計審に諮り，提案者に決定等を行わない旨と理由を通知する．

（2）都市再生事業等を行おうとする者による都計決定等の提案

（都市再生 37〜41 条，54〜57 条の二）

都市再生事業またはその施行に関連して必要な公共・公益施設の整備事業を行う者は，都計決定権者に対し，素案を添えて都市計画の決定，変更の提案ができる．その内容には，都市再生特別地区，用途地域や高度利用地区，特定防災街区整備地区，再開発等促進区または開発整備促進区を定める地区計画があり，市街地再開発事業，土地区画整理事業，都市施設などとさまざまに及ぶ．

あるいは，公共施設などの整備または管理を行う都市再生推進法人（都市再生 118 条）は，市町村に対し，その整備・管理を適切に行うために必要な都市計画が提案できる．

4.3　市民参加の素案づくり

都市づくりは，いうまでもなく市民が，都市地域で快適に暮らし，円滑に活動し，安全・安心して行動するためである．このことから，都市計画の諸内容や制度には，市民意見を把握するさまざまなしくみがある．都市計画に関する市マスタープランづくりなどへの参加，計画立案時の公告・縦覧による意見書の提出，都計審への市民代表の参加，関係者や諸団体の都市計画の提案などがある．

これらを受けてか，最近，より積極的に市民が都市計画の構想や素案づくりに参加する取り組みがあり，次のような手法が活用されている．

▶4.3.1　ワークショップ[8]

　ワークショップ方式は，アンケート調査のように単に意見を聞くだけでなく，市民自らが都市計画の素案づくりに加わり，次の3段階に基づく手法である．

----

① 計画対象の現地や先進事例を訪れ，つぶさに調査する．
② 場合によっては，専門家や行政担当者の意見を聞きながら，市民自らが学び，考えを出し合い，発表し合い，話し合う．
③ 一つの都市計画代替素案の骨子をまとめる．

　公園の整備やレイアウト，道路のルート選定，廃止された学校跡地の利用計画などへの参加例がある．後章の防災・防犯の地区計画，景観・風致計画，歴史的価値が高い市街地の保全計画などへの参加例もある．

▶4.3.2　パブリックコメントなど[8]

　ワークショップは，テーマが絞られ，限られた人数で行うにはふさわしい．しかし，意見が鋭く対立する場合や，参加できない関係市民が多い場合への対応に適するとはいい難い．これに対処するより望ましい手法としてパブリックコメントやパブリックインボルブメントがある．

　パブリックコメントは，計画の途中段階で素案を示し，意見募集し，それに対する計画者（行政など）の考えを明らかにするものである．都計決定の公告・縦覧に似ているが，意見への計画者の考えや対応方針を公表する点で異なる．

　一方，計画のプロセスにおいて，より丁寧に市民意見を取り込み，案の改善を図るのが**パブリックインボルブメント**である．計画策定のプロセスの検討，計画のフレームの設定，複数の計画案の策定，その絞り込みの各段階で，市民意見を募集し，または公聴会を開き，各々の段階で市民意見を反映させ，計画案をまとめる．

　また，実行にあたり，透明性，客観性を保つために第三者機関（有識者委員会）を設け，中立の立場で監視する体制の導入もある．

　本法の活用例には空港の位置選定，臨海部や港湾区域の埋め立てなどの構想など，多くの市民の関心が高い本格的な都市計画案づくりへの利活用がみられる．

4.4　都市整備のマネジメント

　土地利用，都市施設，市街地開発事業に関して計画を立て，規制または事業を実施し，管理することについて適切に期限を設定し繰り返すことが多い．これは，検討対象の都市が変化し，将来予測が不確かであることによる．

　時代が変わる中，産業構造の変化や技術革新などがあり，人の考え方や価値観が変わり，暮らしや生活のスタイルが変わる．あるいは，社会のしくみや行財政状況の様変わりがある．そのため，現時点で予想される都市の将来も時代を経るに従い見直しが求められ，多くの計画やプロジェクトでは3〜10年先，20年先を見通すにとどまる．このことから，都市整備のマネジメントは大切であるが，その内容は大きく二つに分かれる．都市整備の基軸が変わらない場合と変わる場合である．

　前者は，それまでの計画や事業が続くとし，都市整備の同じ基軸に沿って次の計画に進むマネジメントである．マネジメントの基本として，蓄積された諸データを活かし，都市などの将来像を描いて計画し（plan），実施し（do），それを点検し（check），改善・行動する（action）循環システム（PDCA）の構築である（図4.3）．その際，図示するように，段階を追うごとに計画の質を高めるスパイラルアップが考えられ，新たな技術革新の導入や市民意識の変化を活かして導入の可否を判断することとなる．

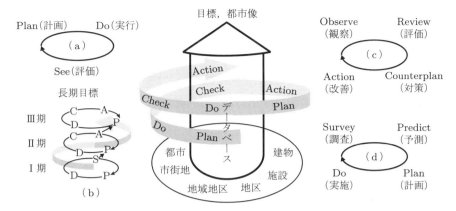

図4.3　都市整備のマネジメントサイクル

　施策提言であるさまざまなマスタープランでは，技術以外の行動目標や都市経営などが含まれる．このため，上述の基本形にとらわれない工夫もある．たとえば，改善を計画と実行に含め，「計画する，実行する，評価する」の3要素によるPDS循環がある（図4.3(a)）．基本計画の中の実施計画の繰り返しは，実施計画のPDS循環からスタートし，データの蓄積を経てPDCA循環のスパイラルアップを適用することもある（図(b)）．

　都市に対する自然環境などの影響問題では，計画からでなく観察に始まるORCA（図(c)）であり，交通施設などで需要をベースにする計画では，調査，需要の将来予測，そして計画，実行のサイクルである（図(d)）．

　都市整備の基軸が変わる後者のマネジメントとは，最近の社会・経済動向や地域の構造変化，環境問題の深刻化をふまえ，計画段階や事業の途中でも事業継続の妥当性を探ること，または，負の遺産に関わる都計事業を扱う場合などがある．これらは都市計画の施策展開の大転換が求められるマネジメントである．

　事業環境の根底が変わるため，PDに続くチェック，アクションをそれまでの延長でなく，抜本的にデータから見直し，計画の組み換え，

図4.4　海から新都市への複数回の場面転換を経て完成した埋め立て事業

中止などが求められる．つまり，これまでの経緯にとらわれない幅広い判断，重い判断が必要な場合であり，図4.4もそうした一例である．リゾート開発やテーマパークの中止，鉄道やバス路線の廃止，計画どおり進まない都市事業・都市再生事業への対処，大規模災害を機に行われる事業転換，学校区や集落の統廃合，区域区分の中止（5.2.2項）などがある．それらでは，都市の基軸の抜本的組み換えを含む再スタートをするために大幅にデータを入れ換え，新たなマネジメントが求められる．

　都市の将来について，因果関係をふまえて，場面，場面の展開を思い描いてシナリオを作成し，マネジメントすることであり，市民に説得力のある客観的な手法と手続きが大切である．

第 5 章

都市計画の基本方針

本章では，快適かつ安全な都市を整備・開発し，保全するために必要となる，広域的かつ総合的な視野に立つ都市計画の基本方針の策定，市街地整備の枠組みについて説明する．加えて，都市再生を実現するための，基本的な都市機能のあり方や都市再開発の方針を概説する．

5.1 都市計画の基本方針

都市計画では，都市整備の課題とともに，さまざまな上位計画（2.3節）のもとに都市の将来を展望し，都市づくりの基本方針を考える必要がある．

当然ながら，この展望の良し悪しは，その都市の将来に大きく影響する．したがって，都市づくりに関する諸分野の施策を幅広く，大局的に展望することが大切であり，そのために次の異なる観点からの検討が求められる．

① 都市とその周辺地域を含めて，広域都市圏などの土地利用，都市施設，市街地の整備事業の基本的な方針を決める．
② 市町村のあり方を総合的に検討する中で市街地や地区形成のあり方を展望する．
③ 広域的に都市を捉え，必要な住宅や都市機能とその配置や実現のあり方を考える．
④ 都市整備に関わるテーマ別の方針を決める．

図 5.1 は，連携が求められるこれら四つの方針の関係を都計法の条文に従って示し，互いに"即す"や"整合"，"調和"で繋いだ図である．

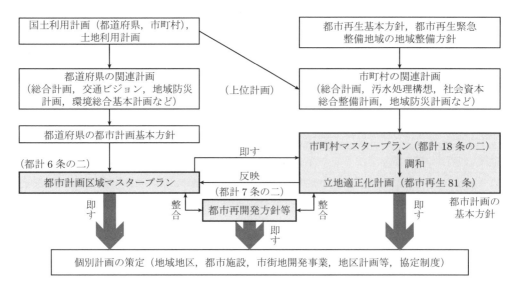

図 5.1　都市計画における各マスタープランの体系

5.2　都市計画区域マスタープランと区域区分

ここでは，都市計画においてもっとも基本となる「都市計画区域の整備，開発及び保全の方針と区域区分」（都市計画区域マスタープランまたは区域マスタープランともいう）について紹介し，さらに関連する他の指針を説明する.

▶5.2.1　都市計画区域の整備，開発及び保全の方針

自動車の普及と高速交通網の発展や情報・通信技術の革新が進んだことなどから，市民の日常行動は広域化し，都市内はもとより，都市を拠点に地域間の繋がりや交流・交易が拡大し，活発化している.

このため，一つの都計区域にとどまらず，その周辺の地域や市町村を含めた範囲を視野に入れ，都計区域の整備などのあり方を考える必要がある（都計6条の二第1項）．それが**都市計画区域マスタープラン**である．地域における周辺都市などのネットワークとその中での当該都市の位置づけを確認し，長期展望（おおむね20年先）のもとに，都市づくりの基本事項（目標年次や範囲，現状と課題など）をまとめ，定めるものである．そして，その具体的な事項は，次の三つである（都計6条の二第2項）

一　区域区分の決定の有無及び区域区分を定めるときはその方針
二　都市計画の目標
三　土地利用計画，都市施設の整備及び市街地開発事業，自然環境，都市防災，都市景観などに関し，必要な都市計画の決定の方針

一は定めることが決められ，二，三は定めるように努めるとされている．また，都計区域内に定められる都市計画は，当該の都市計画区域マスタープランに即さなければならない.

▶5.2.2　区域区分（都計7条）

1960年代からの高度経済成長とともに，都心部やその周辺での需要増から土地取得の困難や地価の高騰で，市街地の虫食い状態が拡大し，乱開発が進んだ．この現象を**スプロール化**という．これにより，無秩序な都市が展開され，都市施設の不備や非効率的な整備が強いられ，あるいは防犯上や環境上の問題に直面した．そこで都市計画区域を，市街化区域と市街化調整区域の二つの区域に区分する制度が導入された.

- **市街化区域**　すでに市街地を形成している地域，およびおおむね10年以内に優先的かつ計画的に市街化を図るべき区域である.
- **市街化調整区域**　市街化を抑制すべき区域である.

後章の説明に関わり前後するが，両地域の都市計画などに関わる具体的な内容の違いを対比すれば表5.1のとおりである．市街化区域は，土地利用の推進や都市施設の整備，必要に応じた市街地の開発などを進め，良好な市街地の形成を目指すものである．農地の転用は，許可は不要で届出だけで済む．一方，市街化調整区域は，原則として市街地の開発は抑制され，農地などを保全する区域と重なることが多い.

都市計画区域をこの二つの区域に分けることを**区域区分**（または**線引き**）という．区域区分では，区域区分をするか否かの判断と，区分する場合にどのように二つに分けるかの検討が求められる.

（1）区域区分の要否の判断

導入の趣旨から，区域区分は三大都市圏の既成市街地や近郊整備地帯，都市整備区域の全部または一部を含む都計区域，指定都市の都計区

表 5.1　市街化区域と市街化調整区域の比較

	事項	市街化区域	市街化調整区域	掲載
市街地	地域地区	少なくとも用途地域を定める.	原則として用途地域は定めない.	6章
	都市施設	少なくとも道路，公園，下水道について定め，重点的に整備する.	原則として都市基盤施設の整備は行わない.	7～9章
	開発事業	市街地開発事業，促進区域などを定めて事業を推進する.	原則として市街地開発は行わない.	10章
	開発許可	規模による免責条項がある.技術基準を満たせば認められる.	原則すべての開発行為が必要である.技術基準に加え，立地基準がある.	15.2節
農地	転用許可農振地域	転用の許可は不要で，届出で済む.農振地域の指定はしない.	転用について許可が必要である.必要な地域を指定する.	

域において定めるとされている（都計7条）.

　上記の大都市以外では，必要に応じて導入の要否が検討される．地形・地理的条件，土地利用の現況，都市基盤施設や都市整備プロジェクトの実施状況と将来などをふまえ，大局的に導入の要否を判断する.

　したがって，都計区域は，区域区分を行う場合と，行わない場合の2通りがあるが，その背景や考え方は，本制度の制定時の経済成長期と現在とでは異なる.

　経済成長期は，前述のスプロール化に対処するために区域区分の導入が積極的に図られる状況にあった．しかし近年では，人口減・高齢社会の進展と，市街地における低未利用地の広がり，農業従事者の大幅な減少，耕作放棄農地の広がりから，開発圧力に問題がないところが多い．むしろ，いかに持続可能な都市計画区域を整備し維持するかが問われ，慎重な判断が必要である．中には区域区分を廃止した県もある．同じ都計区域ながら，市町村合併を機に区域区分したところと，そうでないところが混じることもある．したがって，区域区分の要否を単に行うだけではなく，適切に判断し是正することも望まれる.

（2）区域区分案の策定手順

　区域区分が必要な場合，区域区分案を策定するが，その手順は以下の3段階である．都市計画区域マスタープランなどをふまえて都市像を

明らかにし，当該都市計画区域内の地域，地区ごとで異なるさまざまな状況の考察が必要である.

① 検討地区と検討項目

　都計区域を地区（統計区や4分の1地域メッシュ（おおむね一辺250m四方）など）に細かく分ける.

　区域区分の検討項目を考えるヒントは，都市計画基準（都計13条第1項二号）にあり，それに基づけば，次のとおりである.

- -

- 自然条件や既存市街地の状況とともに，人口および産業の動向の将来の見通しなどについて勘案する
- 産業活動の利便と居住環境の保全を調和させ，国土の合理的利用を確保する
- 効率的な公共投資を行うことができるかどうかを判断する

- -

② 個別地区の検討

　拾い出した項目をどういった手順で行うかは都市区域の状況によるが，図5.2の②は一例である．既成市街地，自然条件，法的規制，農用地，市街化の優先性を順に検討すれば，各々の地区は次の4タイプに分けられる（都市計画法施行令（都計施行令）8条第1項参照）.

- -

A 明らかに市街化区域と判断できる既成市街

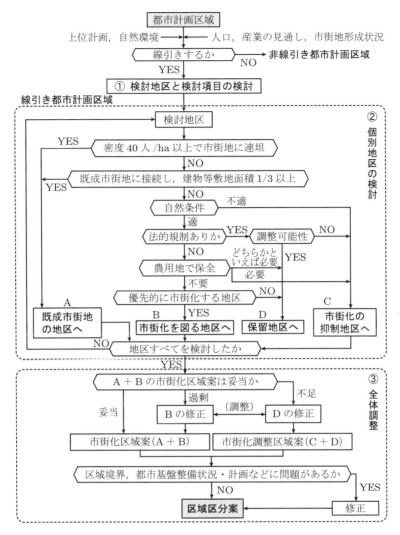

図 5.2　区域区分案の策定手順

地，ならびに接続して市街化しつつある地区

B 今後（おおむね10年以内）に都市施設整備や市街地開発事業などで優先的かつ計画的に市街化が望まれる地区

C 以下の内容に該当し，市街化を抑制する地区

- 鉄道，道路，河川，および用排水施設の見通しから市街化が不適当な地域
- 溢水，湛水，津波，高潮などによる災害発生の危険地域，水源涵養地，優良な集団農用地などで，市街化を抑制する地区
- 優れた自然景観や都市環境の維持，水源

の涵養，土砂流出の防止などのために保全する地区

D 上記 A〜C への判断が難しく留保する地区

このとき，仮の区分として，A＋B を市街化区域，C を市街化調整区域，D を判断保留地区とする．

③ 全体調整

区域区分を，広域的見地や全体からみての調整である．必要な市街化区域の規模に照らして，区域境界の連坦状況，都市基盤施設やその予定との関係，個別規制法（2.4.2 項）の指定状況

などで問題ないかを検討する．加えて，気候変動に伴う大規模自然災害への配慮，適正な人口密度の確保や市街地の拡大防止の包括的検討が望まれる．

図5.2の③に示すように，市街化区域の面積が不足なら，Dの一部地区をBに，多すぎればBの一部地区をDに移すなどの調整を行う．その結果，A＋Bの市街化区域と，C＋Dの市街化調整区域に二分する案が得られる．両区分の境界は，鉄道その他の施設，河川，海岸，崖などの地形，地物などの土地の範囲を明示するのに適当なものを利用して定めるとよい．また，町や字，番地の境界により分けることも考えられる．

最近の人口減社会からすれば，過大な市街化区域の指定は望ましくない．いたずらに細かな飛地の市街化区域になることを避け，市街化区域内の穴抜きによる市街化調整区域の導入を極力なくし，効果的な都市機能の配置に問題がないかなどを確認することが望まれる．

一般的に，区域区分された線引き都計区域は「市街化区域」と「市街化調整区域」に分けられる．また，区域区分をしない場合は，これを「非線引き都市計画区域」という（図5.3）．これらに，都市計画区域外における「準都市計画区域」および「都市計画区域でも準都市計画区域でもない区域」を加えると，図のように，国

土全体が，都市計画の視点で5タイプの区域に分けられる．

全国の都計区域の総面積は約1000万haであり，線引きと非線引きの割合は半々である．線引き都計区域のうち市街化区域は3割弱，市街化調整区域は7割強である[5]．

5.3　市町村マスタープラン

市町村は，その総合計画や都市計画区域マスタープランに即した都市を，行政上の市町村の区域でどのように実現するかが問われる．

すなわち，市町村は各々で特色ある街を形成し，産業や社会構造の変化に対応しながら政策展開を図り，快適な居住の場，活発な活動の場，および健全な環境の形成が期待されている．そして，その検討が「**市町村の都市計画に関する基本的な方針**」（**市町村マスタープラン**または**都市（計画）マスタープラン**ともいう）である（都計18条の二）．これは，地域に密着した視点で，都市づくりの基本的な考え方を定め，土地利用や都市基盤を整備する施策の展開方針を示すものである．

作成にあたっては，住民の理解と協力が必要なことから，わかりやすいことが大切で，通常は市町村の全体構想と地域別構想に分けて検討している．

全体構想は，市町村の都市づくりの理念や都市計画の目標のもとに，次のことを考え，目指す都市像とその実現のための整備方針を示す．

----

① 都市の構造や都市空間の形成の基本的な考え方および土地利用計画，土地や都市施設の整備の方針
② 都市内の自然環境の保全その他の良好な都市環境の形成

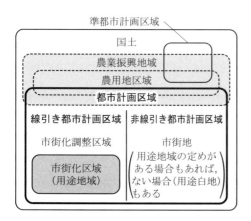

図5.3　都市計画区域と農業振興地域などとの関係

一方，地域別構想は，地形や土地利用，日常の活動状況を把握し，指定都市では行政上の区別に，それ以外では一つないし複数の学校区などに分けて検討する．全体構想のもとに各々の地域像とまちづくりの具体策として次の事項がある．

----

① 地域の特性に応じて誘導する建築物の用途および形態

② 地域の課題に即して，地域内に整備する都市施設

③ 緑地空間の保全・創出，空間の確保，景観形成上の配慮事項

市町村マスタープランは，公聴会などを催し，住民意見を十分に反映させるが，都市計画として決定されるものではない．このため法的拘束力はない．ただし，本方針が制定された場合，市町村の都市計画はこれに従わなければならない．このため，策定後は遅滞なく公表し，都道府県知事に通知しなければならないとされている．

5.4 立地適正化計画

平成時代後半の 10 年間の経緯をみても，数％またはそれ以上の 20％，30％に及ぶ人口が減少し，かつ高齢化が進んだ都市は少なくない．そればかりか，今後もこの傾向は続き，深刻化すると推測される．

社会全体が縮小し，都市内外の諸地域で，空き家，空き地がランダムに発生するスポンジ化現象がみられる．放置すれば，居住環境が悪化するばかりでない．コミュニティの崩壊，市民需要で成り立つ生活上の利便施設や都市機能施設の衰退・廃止が懸念される．事実，住宅が減少し，そのことで病院や商店などが廃止となり，

都市の存立が危ぶまれるところもある．

この深刻な課題に対処するのが，都市再生法の第 6 章に定められている立地適正化計画である．これは，市町村が単独または共同で，政府が定める都市再生基本方針に基づいて，都計区域内で，「住宅及び医療・福祉・商業等の都市機能増進施設の立地の適正化を図る計画」（**立地適正化計画**）を作成することである（都市再生 81 条第 1 項)[6]．

図 5.4 は立地適正化計画のイメージである．適切な密度で人々が集まり，生活に必要な都市施設が整うことでまちが成り立つと考え，具体的に次の各事項を検討する．

一 住宅および都市機能増進施設の立地の適正化の基本的な方針

二 居住者の居住を誘導する区域（**居住誘導区域**）および居住環境の向上，公共交通の確保などの居住誘導のために市町村が講ずべき施策

三 都市機能増進施設の立地を誘導する区域（**都市機能誘導区域**）およびその区域ごとに誘導が必要な都市機能誘導施設，所要の土地の確保，費用の補助などの市町村が行う施策

四 都市機能誘導区域に誘導施設の立地を図るために必要な事業に関する事項（**誘導施設整備事業**，その関連として必要な公共公益施設の整備事業，市街地再開発事業，土地区画整理事業など）

五 居住誘導区域では住宅の，都市機能誘導区域では誘導施設の立地・誘導を図るための都市の防災機能を確保する方針

六 上記二，三の施設，四の事業，または防災指針の推進に必要な事項

七 住宅，都市機能増進施設の立地の適正化を図るために必要な事項

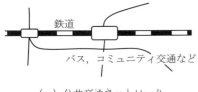

（a）公共交通ネットワーク

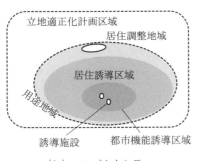

（b）コンパクトシティ

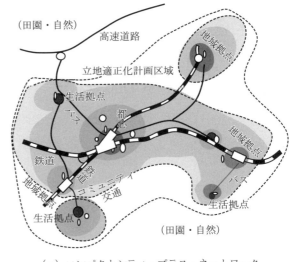

（c）コンパクトシティ・プラス・ネットワーク

図 5.4　立地適正化計画

すなわち，本計画は，冒頭に述べた人口減・高齢社会が進むことへの対処に加え，厳しい財政や経済状況での持続可能な都市経営への配慮が必要で，都市のストックを活かす快適な都市づくりが求められる．鉄道やバスなど，既存の地域公共交通を活用し，これらを骨格交通軸とする集約型の都市づくりである．そのため，商業，住宅，医療・福祉，農業，環境，防災，子育て・教育などの横断的施策の検討が望まれる．

つまり，漫然とした都市の機能を配置するのではなく，次の事項が検討される．

- -

① 「居住誘導区域」，「居住調整地域」，「都市機能誘導区域における特定用途誘導地区」といった地域地区を適正に定める（6.5節）．
② 医療や福祉などの民間誘導施設を誘導・配置する．
③ 都市再生緊急整備地域（10.5.2項）を検討し，コンパクトシティ，あるいは公共交通を加味した「コンパクトシティ・プラス・ネットワーク」を築く（図5.4(c)）．
④ 都市の縮小に際し，近年の災害の深刻化に対処するために危険地域を避け，都市の防災機能を高め，および万一に備えて避難場所・避難路の確保に配慮する（14.2節）．

- -

また，拠点となる都心や地域拠点，生活拠点などについて，それぞれに応じた都市機能の立地誘導が求められる（図5.4(c)参照）．たとえば，都心には中枢的な行政機能，高次医療機関，福祉センター，相当規模の商業施設などが必要である．地域拠点や生活拠点には，行政支所，診療所，保育園，日用品・生活用品のための商店，郵便局などを誘導することである．

こうしたまちづくりは，時代の変化を念頭に，国と地方が力を合わせて戦略的に行う都市づくりである．都市計画区域マスタープラン，市町村マスタープランに即して立案するものであり（都市再生81条第17項），内容によっては，市町村マスタープランの一部をなすこともある（都市再生82条）．

国土交通省の立地適正化計画作成状況の調査によれば，2023年3月末現在，立地適正化計画の取り組みは全国で675市町村である．そのうち，504市町村が公表済である．

5.5 都市再開発の方針

　市街地の土地利用や都市機能の更新のため，次の四方針があり，必要なものは都市計画に定められる（都計7条の二，13条第1項三～六号）．

（1）都市再開発方針（再開発2条の三）

　都市再開発方針は，人口集中が大きな大都市を含む都計区域内の市街化区域で定められる．計画的な市街地の再開発，当該市街地の土地の合理的かつ健全な高度利用，および都市機能の更新に関わる方針である（10.3節）．

（2）住宅市街地の開発整備方針（大都市地域の住宅・住宅地供給法4条第1項）

　大都市地域で，良好な住宅市街地の開発の目標，その整備または開発の方針，重点地区の整備・開発計画の方針である．

（3）拠点業務市街地の開発整備方針（地方拠点都市地域法30条）

　地方の拠点となる都市地域の開発整備の目標や方針，良好な拠点業務市街地の開発整備，産業業務施設の再配置方針である．

（4）防災街区整備方針（密集市街法3条）

　都市の市街化区域内における密集市街地の再開発または開発により，市街地の防災機能の確保と，土地の合理的かつ健全な利用を図るための方針である（14.3.2項）．

　当然ながら，上記の方針を定める都計区域では，それらに即す必要がある（都計7条の二第2項）．

5.6 都市計画の基準

　都市計画では，基本方針はもとより，各章に述べるさまざまな内容が決定される．その際，全般的に満たす必要がある計画の基準は次のとおりである（都計13条第1項）．

----

① 国土形成計画などの国土計画または地方計画（公害防止計画が定めるときはそれを含む）に適合する（2.3節）．

② 道路，河川，鉄道，港湾，空港などの施設に関する国の計画に適合する．

③ 土地利用，都市施設の整備および市街地開発事業に関する事項で，都市の健全な発展と秩序ある整備のために必要なものを一体的，総合的に定める．この場合，当該都市の自然環境の整備または保全に配慮する．

　加えて，都市計画における都市計画区域マスタープラン，区域区分，促進区域，都市施設，市街地開発事業，地区計画などについての各基準があり，それらは都計法13条第1項一号～十九号に定められている．また，都計区域および準都計区域の都市計画基準などは，同条の第2～5項に記されるとおりである．これらは各々の計画を担保するうえで大切であり，必要に応じ当該節で取り上げる．

第 6 章

土地利用の規制と誘導

土地の用途や制限をもとに，都市計画の区域を地域，地区，街区に分け，土地利用を規制・誘導する地域地区の制度がある．本章では，それらの内容とその意義，配置，活用にあたって押さえておきたいことについて説明する．

6.1 地域地区

前章の都市計画の指針に基づく土地利用計画の第二段階は，"地域地区"とよぶ制度の適用である．これは，都計区域などの整備の基本方針による第一段階の枠組みにおいて，細かく分けた地域地区による土地の合理的な利用のあり方を模索し，規制・誘導を図るためのものである．

わが国は，第二次世界大戦で焼土と化し，多くの都市が破壊され焼失した．このことから，戦後の復興は都市づくりに始まり，市民が求める土地の利用や都市発展を実現するため，市街地整備のための地域地区のあり方が模索されてきた．たとえば，社会経済が発展する都市への対処，災害などの克服が求められ，良好かつ質の高い都市形成に向けた土地利用に関わるさまざまな工夫が行われた．

そして，その適切な手法を目指した結果が現在の地域地区制度であり，全体内容は，都計法8条第1項に示される用途地域と，それ以外の

表 6.1　地域地区とその都市計画の決定状況（令和 4 年 3 月末）[5]　　　　　　　　　　面積：千ha

目的	地域地区	都市数	面積	関係法	掲載	目的	地域地区	都市数	面積	関係法	掲載
土地利用の規制	用途地域	1192	1874	建基法	6.2 節	騒音対策	航空機騒音障害防止地区	5	7.1	特定空港周辺騒音対策法	6.7 節
	特別用途地区	448	128		6.3 節		同防止特別地区	5	3.1		〃
	特定用途制限地域	92	413		〃	景観・緑地	緑地保全地区	0	0	都緑法	8.1 節
地区街区の整備	特例容積率適用地区	2	0.1	建基法	6.4 節		特別緑地保全地区	82	6.7		〃
	高層住居誘導地区	1	0.0		〃		緑化地域	4	61		〃
	高度地区	223	427		〃		生産緑地地区	225	58	生産緑法	8.2 節
	高度利用地区	285	2.1		〃		風致地区	224	171	(都計法)	8.3 節
	特定街区	18	0.2		〃		景観地区	36	54	景観法建基法	13.2 節
都市再生関係	都市再生特別地区	14	0.2	建基法,都市再生法	6.5 節	歴史風土保存[注]	歴風土地区	10	9	古都法	13.4 節
	居住調整地域	1	2.4		〃		第一種歴風土地区	1	0.1	明日香法	〃
	居住環境向上用途誘導地区	0	0		〃		第二種歴風土地区	1	2.3	明日香法	〃
	特定用途誘導地区	5	1.1		〃		伝建群保存地区	68	1.4	文化財法	〃
交通関連の地区	臨港地区	336	63	港湾法	6.7 節	防火・防災	防火地域準防火地域	750	32 329	建基法	14.3 節
	流通業務地区	27	2.5	流通法	〃		特定防災街区整備地区	11	0.1	密集法,建基法	14.3 節
	駐車場整備地区	121	29	駐車場法	7.6 節						

注）歴史風土保存の地区名は略式で，正式は 13.4 節で確認のこと．

20 種類の地域地区である．土地利用の用途を規制するもの，地区街区の整備，都市再生，交通関連，騒音対策，景観・緑地，歴史風土保存，防火・防災に関わる多彩な内容を含む（表 6.1 参照）．

これら多様な地域地区の呼称に注目すると，地域，地区，街区がある．一般には，地域はある程度広く，地区はそれより狭く，街区は道路や河川，鉄道などで囲まれるブロックと理解できるが，その使い分けに規定はない．いずれも導入目的とともに，地域の自然環境や地形，宅地や公共施設の展開状況，市民が求める土地利用の内容と規模などにより定まる区域のことである．

表 6.1 には，全国で地域地区を適用する都市数と合計面積を付記している．明日香村（奈良県）にある歴史風土保存地区のように，特定の都市あるいは場所に限られるものもあるが，それらを別にすれば各地域地区活用の状況がある

程度理解できる．面積のうえでは用途地域の適用が明らかに多い．それ以外では高度地区，特定用途制限地域，準防火地域，風致地区などが目立つ．

本章では，こうした多様な地域地区の中で，用途地域を主にし，加えて地区・街区などの整備，都市再生，交通関連および騒音対策関連の地域地区ついて述べる．

6.2 用途地域

▶6.2.1 用途地域と建築物の用途制限

（1）用途地域

用途地域は，土地を建物などの用途や規模などで類別し，地域ごとの土地利用の規制・誘導を行うための制度であり，地域地区の基本をなすが，防災に配慮し，住環境の確保，産業や経済の機能的かつ円滑な活動への寄与，良好な都

表 6.2 13 種類の用途地域の一覧

系		用途地域	略称	定義（都計 9 条第 1〜13 項）	割合%
住居系	低層	田園住居地域	田園住居	農業の利便推進とこれに調和の低層住居環境を保護する地域	0.0
		第一種低層住専	一種低層	低層住宅に係る良好な住居環境を保護する地域	18.0
		第二種低層住専	二種低層	主に 低層住宅に係る良好な住居環境を保護する地域	0.9
	中高	第一種中高層住専	一種中高	中高層住宅の良好な住居環境を保護する地域	13.8
		第二種中高層住専	二種中高	主に中高層住宅の良好な住居環境を保護する地域	5.4
	住居	第一種住居地域	一種住居	住居の環境を保護する地域	22.7
		第二種住居地域	二種住居	主に住居の環境を保護する地域	4.8
		準住居地域	準住居	道路の沿道特性に相応しい業務の利便増進を図り，これと調和した住居環境を保護する地域	1.6
商業系		近隣商業地域	近商	近隣住宅地の住民に対する日用品供給の商業その他の業務の利便を増進する地域	4.2
		商業地域	商業	主に商業その他の業務の利便を増進する地域	4.0
工業系		準工業地域	準工	主に環境悪化の恐れのない工業利便を増進する地域	11.0
		工業地域	工業	主に工業の利便を増進する地域	5.8
		工業専用地域	工専	工業の利便増進を定める地域	8.0

注 1）住専は「住居専用地域」の略．　　　　　令和 4 年 3 月末の用途地域の全国総面積　1874 千 ha

注 2）田園住居地域は，都計 8 条などでは準住居地域に続く記載である．しかし本表では，農業との関わりが深いことを考慮し，低層住居専用地域の中でも農村に近い性格とみなし，最初に配している．

市環境の形成などを目的に定められている.

　用途地域の区分は, もともと, 住居, 商業, 工業の3種類であった. その後さらに細分され, 現在では, 住居系8種類, 商業系2種類, 工業系3種類の13種類で構成されている. それら各々の正式名称, 略称, および定義を表6.2に示す (都計8条第1項一号, 9条第1〜13項).

① 住居系

　第一種, 第二種の低層住居専用地域 (一種, 二種低層), 第一種, 第二種の中高層住居専用地域 (一種, 二種中高), 第一種, 第二種住居地域 (一種, 二種住居) ならびに準住居地域 (準住居) がある. これらは, 後者ほど商業・業務の用途の建物が一段と混在する地域である. この細分は, 高度経済成長に伴う地価高騰で都市域が拡大発展し, 中高層・低層建築物が混在したため, 居住環境が悪化したことの反省である.

　一方, 2018年には, 農地と調和し, 低層住居の環境を守る田園住居地域 (田園住居) が新たな用途地域に追加された. これは, 市街化区域周辺における第一種低層住居地域に農地が残る地区や, 立地適正化区域 (5.4節) の居住誘導区域外の区域における都市農地が都市環境の

（a）一種低層住居専用地域と一種住居地域

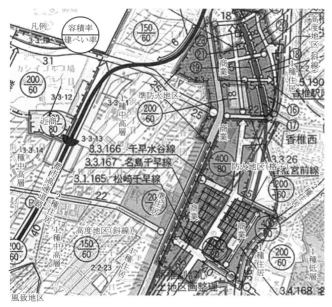

（b）用途地域図
（出典：福岡市 Web マップ（都市計画情報マップ））

（c）商業地域

（d）工業専用地域

図6.1　用途地域図と用途地域

形成に貴重との考えによる.

　以上のように, 現在は8種類の住居系がある.

　② 商業系

　商業系は二つに分けられる. 一つは, 複数の住居地に近隣する地区の中心に位置し, 日用品などの店舗などが立地する近隣商業地域（近商）である. もう一つは, 都心や副都心, 地域などの中心市街地で, 大型あるいは専門的な商業・業務施設や行政施設などが集まる商業地域（商業）である.

　③ 工業系

　工業系は, 環境への配慮から, その影響の度合いに応じて区分される. 準工業地域（準工）は, 住宅や商店などとともに, 環境悪化の恐れがない工場等の利用を増進する地域である. これに対し, 工業専用地域（工専）では, 住宅などの用途が混在することを避け, もっぱら工業の利便を増進する地域であり, 工場や倉庫, 燃料タンクなどが並ぶ. 工業地域（工業）は, 両者の中間の性格をもつものであるが, 主に工業の利便の増進を図る地域である.

　実際の用途地域の適用は, 都計区域および準都計区域内である. そのうち, 線引き都計区域については, 市街化区域では少なくとも用途地域を定め, 市街化調整区域では原則として定めない（都計13条第1項七号）. 非線引き都計区域でも定めることができるが（都計8条第1項一号）, 定めない区域もあり, これを用途地域の白地と称している（図5.3参照）. 準都市計画区域ついても, 3.2節に述べたように, 定めることができるが, 環境への配慮に留意することが望まれる（都計8条第2項）.

　表6.2の最右列のように, 全国の都計区域における用途地域は, 総面積で約187万haに達する[5]. その中で, 各々の用途の面積割合は, 木造などが多く, 住居専用系が38%を占め, 住居専用系を除く住居系29%, 商業系8%,

工業系25%である. あるいは13種の別では, 一種住居, 一種低層, 一種中高, および準工といった4用途地域が多くの面積をを占めている.

（2）用途地域と建築物の用途との関係

　用途地域の大きな関心は, そこにどのような建築物などを建てることができるかである. その概要は前述した各地域の定義で推察できるが, 具体的な内容をまとめたものが表6.3である（建基48条, 同法別表第二）.

　表の最上行に各用途地域が並び, 最左列は, 建築物などをA〜Cの3タイプに分けて並んでいる.

　Aは, 宗教施設, 派出所, 公衆浴場, 診療所などの最低限必要な公共公益施設であり, 用途地域の諸地域に関わらず建てることができる.

　Bは, 住宅, 福祉・学校, 大学, ホテル, 店舗, 事務所, 遊戯・風俗施設, 車庫などであり, 人々が住み, 学び, 活動する都市施設である.

　Cは, 倉庫など, および工場, 火薬貯蔵庫などである. つまり, 工場以外の建築物などを床面積でランク分けし, 必要に応じて2階建以下か, 3階建以上かで区分している. 工場は危険性・環境悪化の度合いや危険物貯蔵量の多少による区分である.

　つまり, 共通系A, 都市系Bおよび工場系Cとすれば, 表はそれら建築物などの建築の可否と用途地域の関係を示すものである. なお, いずれの用途地域も, 「ただし, 特定行政庁が当該地域の環境を害する恐れがないと認め, または公益上やむをえないと認めて許可した場合はこの限りでない」との付記があり, 注意が必要である（建基48条第1〜13項）. また, この許可は, 利害関係者の公開聴取, 開発審査会の同意が必要との厳しい条件による規定である（建基48条第15項）.

　① 住居・商業系の9用途地域

　一種低層は, もっとも厳しく建築物などの建築について規制を受ける地域である. 共通系A

表6.3　用途地域による建築物の用途制限

凡例：○＝建築可，（空欄）＝建築不可

建築物	区分	低層系 田園住居	一種低層	二種低層	中高系 一種中高	二種中高	住居系 一種住居	二種住居	準住居	商業系 近商	商業	工業系 準工	工業	工専
共通施設　神社，寺院，教会，その他類するもの		○	○	○	○	○	○	○	○	○	○	○	○	○
派出所，郵便業務施設（500 m²以内）などの公益上必要な建物		○	○	○	○	○	○	○	○	○	○	○	○	○
公衆浴場（個室浴場除く），診療所，保育所		○	○	○	○	○	○	○	○	○	○	○	○	○
住宅　住宅，共同住宅，寄宿舎，下宿		○	○	○	○	○	○	○	○	○	○	○	○	
兼用住宅（非住宅面積1/2未満で，50 m²以下，用途制限あり）		○	○	○	○	○	○	○	○	○	○	○	○	
福祉・学校　老人ホーム，福祉ホーム，その他類するもの		○	○	○	○	○	○	○	○	○	○	○	○	
支庁，老人福祉センター，児童厚生施設等（600 m²以内）		○	○	○	○	○	○	○	○	○	○	○	○	○
図書館その他		○	○	○	○	○	○	○	○	○	○	○	○	
学校（幼稚園，小学校，中学校，高校）		○	○	○	○	○	○	○	○	○	○	○		
大学，高専，専修学校，その他類するもの，病院					○	○	○	○	○	○	○	○		
ホテル，旅館	① 3千m²以下						①	○	○	○	○	○		
店舗，飲食店等　床面積150 m²以下	① 日用品店，食堂，理髪店などサービス業用店舗のみ，2階以下	①		①	①	②	③	○	○	○	○	○	○	④
床面積150 m²超，500 m²以下	② ①＋物販店，飲食店，銀行支店などサービス業用店舗のみ，2階以下	●			②	②	③	○	○	○	○	○	○	④
床面積500 m²超，1.5千m²以下						③	③	○	○	○	○	○	○	④
床面積1.5千m²超，3千m²以下	③ 2階以下						③	○	○	○	○	○	○	④
床面積3千m²超，1万m²以下	④ 物販店，飲食店を除く							○	○	○	○	○	○	④
床面積1万m²超	● 農産物販売，農家レストランその他のみ，2階以下									○	○	○	○	
事務所　床面積1.5千m²以下	▲ 2階以下						▲	○	○	○	○	○	○	○
床面積1.5千超，3千m²以下							▲	○	○	○	○	○	○	○
床面積3千m²超								○	○	○	○	○	○	○
遊戯施設　ボーリング場などの運動施設	① 3千m²以下						①	○	○	○	○	○	○	
カラオケボックスなど	② 1万m²以下							②	②	○	○	②	②	②
麻雀屋，パチンコ店など	③ 客席およびナイトクラブなどの用途部分の床面積200 m²未満							②	②	○	○	○	○	
劇場，ナイトクラブなど									③	○	○	○		
キャバレー，個室浴場など	▲ 個室浴場を除く										○	▲		
車庫　建築物付属車庫	①，②，③は注1	①	①	①	②	②	③	③	③	○	○	○	○	○
単独車庫（付属車庫除く）	①300 m²以下かつ2階以下				①	①	①	①	○	○	○	○	○	○
倉庫等　自家用倉庫	①，②は注2　●農産物・農業生産財貯蔵に限る	●					①	①	②	○	○	○	○	○
倉庫業倉庫									○	○	○	○	○	○
工場　自動車修理工場　作業床面積 ①50 m²以下，②150 m²以下，③300 m²以下							①	①	②	②	③	○	○	○
危険性・環境悪化の恐れ非常に少ない	● 農産物の生産，集荷，処理，貯蔵	●					①	①	①	②	②	○	○	○
危険性・環境悪化の恐れ少ない										②	②	○	○	○
危険性・環境悪化の恐れやや多い	① 50 m²以下，②150 m²以下											○	○	
危険性・環境悪化の恐れ多い													○	○
火薬等・処理貯蔵庫　量が非常に少ない施設	① 1.5千m²以下，2階以下									①	②	○	○	○
量が少ない施設	② 3千m²以下										○	○	○	○
量がやや多い施設												○	○	○
量が多い施設													○	○

注1）建築物付属車庫の①，②，③は，建築物の延べ床面積以下かつ①600 m²以下，1階以下，②3千m²以下，2階以下，③2階以下．また，一団地の敷地内は別に制限がある（建基法施行令130条の五）．

注2）自家用倉庫の①1.5千m²以下で2階以下，②3千m²以下．

注3）上記は建基法48条，同別表第二に基づくが，一部省略もある．

注4）処理施設（卸売市場，火葬場，と畜場など）は　9.4節で述べる．

に加え，次のものが認められる．いずれも戸建て中心の低層住居地域にふさわしいものである．

- 住宅および兼用住宅（非住宅部分は床面積 $50\,\mathrm{m}^2$ 以下，全体の2分の1未満で，用途制限がある）
- 身近な公共・公益施設（幼稚園・小中高，図書館，派出所（$500\,\mathrm{m}^2$ 以下），行政支所（$600\,\mathrm{m}^2$ 以下）など）
- 建設物付属車庫（$600\,\mathrm{m}^2$ 以下かつ自動車車庫部分を除く建築物の延べ床面積以下かつ1階以下）（建基施行令130条の五）

この一種低層から商業地域へと9つの用途地域の順を追えば，都市系Bおよび工場系Cの建築物などについて，用途，床面積，階数などで段階的に緩和されている．そして商業地域に至ると，共通系Aおよび都市系Bの全用途が認められ，工業系Cについても，危険性・環境悪化の恐れの少ない工場また貯蔵量の少ない火薬庫を建てることができる．

② 工業系の3用途地域

工業系の3地域では共通系Aを認めたうえで，都市系Bは，商業地域の状態から個室浴場を除いた準工の状態，そして工業，工専になるほど表に示す多くの用途の建物が除かれ，工専に至れば都市系Bの約半分の項目が規制される．その反面，工業系Cの施設などは，危険や環境悪化の恐れの度合いを"やや多い"と"多い"の2段階を経て，準工，そして工業，工専へと緩和されている．

③ 田園住居地域

田園住居地域（図6.2）の建築物などは，一種低層に関わる建築物などに加え，以下の農業関連施設などの立地がさらに可能である点で特色がある．

イ 農産物の生産，集荷，処理または貯蔵に供

図6.2 田園住居地域のイメージ

するもの

ロ 農業の生産資材の貯蔵に供するもの

ハ 農産物販売の店舗または農村レストランその他の面積が $500\,\mathrm{m}^2$ 以内（2階以下）のもの

ニ 店舗 飲食店その他の用途に供する部分の床面積が $150\,\mathrm{m}^2$ 以内（2階以下）のもの

なお，上記のニは一種低層になく，二種低層に認められる用途で，地域の生活の利便性を配慮して加えられている．

田園住居地域の農地の区域内では，土地の形質の変更，建築物などの建築，土石などの堆積は市町村長の許可が必要である．申請があった場合，$300\,\mathrm{m}^2$ 未満の，土地の形質の変更や建築物等の建築は許可しなければならないとされている（都計52条）．また，このことに関わる除外事項は，通常の管理行為，軽易な行為，非常災害時の応急措置，都市計画事業の行為などである．

④ 用途地域の指定がない区域

都計区域などで用途地域の指定がない区域（市街化調整区域を除く）において，劇場など（劇場，映画館，演芸場もしくは観覧場）およびそれに類する建築物などに関して規制がある．すなわち，「劇場等（客席部分に限る），ナイトクラブその他これに類するもの，または店舗，飲食店，展示場，遊技場，勝馬投票券発売所，場外車券売場その他これらに類するものに供する

建築物で，その用途に供する部分の床面積の合計が一万平方メートルを超えるもの」（大規模集客施設）は建ててはならない．ただし，特定行政庁が，建築審査会の同意を得ればこの限りでない（建基48条第14項）．

▶6.2.2　用途地域の建築物の形態規制など

建築物などの用途に加え，その形態に関わる規制に，容積率，建ぺい率があり，さらに用途に応じた絶対高さ，斜線制限，日影規制などがある．その中で，敷地に建てられる建築物の形態の基本指標が**容積率**と**建ぺい率**である．

図6.3のように，敷地面積を S，建築物の階層別床面積の総和（延べ床面積）を F，射影面積を P とすれば，両者は敷地ごとに次のように定義される．

$$容　積　率 = (F/S) \times 100 \, [\%]$$
$$建ぺい率 = (P/S) \times 100 \, [\%]$$

建築物の大局的な外観でみるとき，敷地面積が一定で建ぺい率が同じならば，容積率が大きくなるとより高い建物になる．容積率が同じでは，建ぺい率が大きくなればより低い建物にな

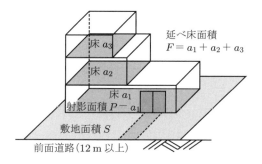

図6.3　容積率と建ぺい率

る．以下にそうした建物の基本的形態と用途地域との関係を示す．

（1）容積率の制限（建基52条）

用途地域を定める際に，容積率は，前面道路の幅員が12 m以上の場合，表6.4の1行目の項目に示す複数の値から選び，それを上限値として用途地域の設定に合わせて定める．これを**指定容積率**とよぶ．

一方，前面道路の幅員が12 mに満たない場合は，表の2行目のように，原則でいえば，前面道路の幅員 [m] に十分の四（住居系）または十分の六（住居系以外）を掛けて算出される値以下でなければならない．

表6.4　用途地域における建築規制

用途地域 / 建築規則	低層系		中高系		住居系			商業系		工業系			用途地域の指定がない区域で特定行政庁が都計審の議を経て指定する数値
	田園	一種低層 / 二種低層	一種中高	二種中高	一種住居 / 二種住居		準住居	近商	商業	準工	工業	工専	
（前道幅員 ≧ 12 m）指定容積率 [%]	50, 60, 80, 100, 150, 200		100, 150, 200, 300, 400, 500					200〜1300で100刻み		近商に同じ	100, 150, 200, 300, 400		50, 80, 100, 200, 300, 400
（前道幅員 < 12 m）容積率 [%]	幅員 [m] × 40		幅員 [m] × 40 特庁区域：幅員 [m] × 60					幅員 [m] × 60 特庁区域：幅員 [m] × 40 または80					
建ぺい率 [%]	30, 40, 50, 60				50, 60, 80		60, 80	80		50, 60, 80	50, 60	30, 40, 50, 60	30, 40, 50, 60, 70

注）前道：前面道路のこと．特庁区域：特定行政庁指定区域のこと．

敷地面積最低限度	200 m² 以下の値
外壁後退距離	1.5 または1 m
絶対高さ限度	10 または12 m
道路斜線	建基法56条第1項一号
隣地斜線	建基法56条第1項二号
北側斜線	建基法56条第1項三号
日影規制	建基56条の二

これらから，各敷地の容積率の最高限度は，指定容積率と前面道路による規制容積率のいずれか小さいほうの値で決まる．たとえば，住居系地域で前面道路が幅員 6 m ならば，6 × 40 = 240％．したがって，指定容積率がそれを超える値でも実際の容積率の最高限度は 240％にとどまる．

上述の容積率の規制は原則であり，都計審の議を経て，特定行政庁が指定する区域での例外がある（建基 52 条第 2 項）．また，個々の敷地の周辺状況，地盤面の状態，建築物の構図などから，敷地や建物の面積の換算に配慮があり，算入しないとの特例などがある（建基 52 条第 3〜15 項）．

（2）建ぺい率の制限（建基 53 条第 1 項）

表 6.4 の 3 行目の項目に示すように，建ぺい率の上限値は，商業では 80％のみであり，それが適用される．これ以外の用途地域は，複数の値から選び，都市計画に定める値が最高限度である．

また，防火地域および準防火地域（14.3 節），街区の角の建築物について，火災安全性などを配慮し，最高限度を割り増す場合や除外規定がある（建基 53 条第 3 項）．

（3）用途地域の指定がない区域内の建築物の容積率および建ぺい率の制限（建基 52 条第 1 項八号，第 2 項三号，53 条第 1 項六号）

用途地域の指定がない区域内の建築物に関しては，表 6.4 最右列に示す値から，特定行政庁が当該区域を区分し，都道府県都計審の議を経て，容積率，建ぺい率の指定ができる．これは，現在の居住環境を維持する狙いや，土地利用の状況に応じるなどの意味がある．

（4）建築物の敷地面積やその他の形態規制など（建基 53 条の二〜56 条の二）

前述した容積率および建ぺい率以外に，表 6.4 下段に示す，建築物等の敷地や建築物の形態に関わる形態規制がさらに可能である．たとえば，次のようなものがある．

- 用途地域の各々の地域で良好な環境を確保する意味をもつ敷地面積の最低限度や，低層住居系地域における外壁の最小限の後退距離および建築物の絶対高さ
- 建築物の各部の高さの限度に関わり，また道路や隣接地に面して開放性を保つための斜線制限（図 6.4(b)，(c)参照）
- 日照を妨害しないとの観点による北側斜線（図 6.4(a)）や日影規制

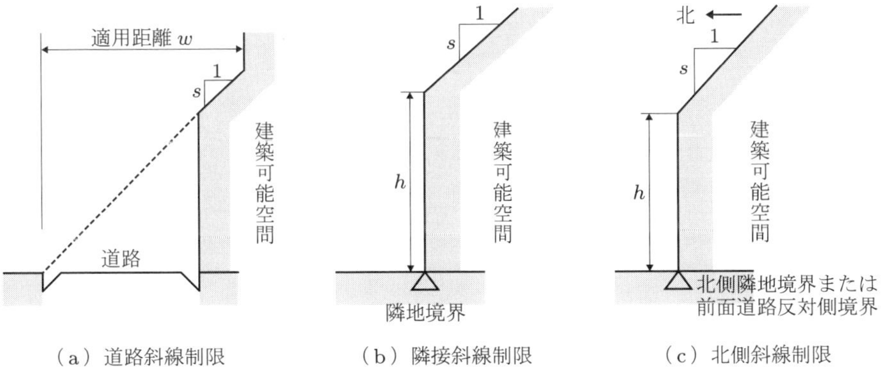

注）h, s, w の各値は斜線制限の種類，用途地域などで異なる．

図 6.4　北側，隣接，前面道路の斜線制限のイメージ

つまり，これらは建築物が互いに隣接する際の採光や風通し，日照などの地域環境の規制である．

▶6.2.3　用途地域設定の基本的な考え方

13種類の用途地域は，多々ある地域地区制度の中で最初に検討される内容であり，都市計画の計画基準などに従って定めることができる．すなわち，第5章に述べたさまざまな都市計画の基本方針に基づいて，目指す都市像を明らかにする．そのうえで，用途地域の内容，配置，規模に関する基本方針を考えるが，主な観点は以下のとおりである．

----

① 農振地域整備法の農用地区域，農地法の農地もしくは採草放牧地，また自然公園法の特別地域，森林法の保安林などは原則として用途地域に含めない（都計施行令8条第2項）．
② 将来の都市像の下での主要な都市政策と，住居，商業，工業などの土地需要を予測し，各々の必要面積を適切に確保する．
③ 都市構造の現況および課題，自然環境，社会経済条件，交通体系などと有機的に連携する用途地域の配置を構想する．
④ 用途地域の建築規制などで区分される隣接地域間で，互いに悪影響を及ぼすことのな

いように工夫し，必要に応じて緩衝の役割を担う地域などを挿入する．
⑤ 地形，運輸交通施設，幹線道路，河川などの存在やそのネットワークを配慮して，用途地域を設定する．
⑥ 必要に応じ，用途地域に続く他の地域地区や市街地開発事業，地区計画などと調整する．

一方，用途地域の住居系や商業系，工業系に関しては，配置のあり方として考慮する事項をあげれば表6.5のとおりである．また，都心部，周辺市街地部，郊外部への展開をイメージすれば図6.5が考えられる．これらをもとに，以下はそれぞれの用途地域を地図に配する大局的なイメージとしてのまとめである．

- 住居系は，郊外のベッドタウン，市街地周辺の住宅団地や低層住居群，都心部の中高層マンションの展開となる．
- 商業系は，中心市街地や地域拠点市街地の商機能の展開，郊外の大規模な商業施設の配置が考えられる．また，生鮮食品や日常生活用品などの商店などは，居住者の行動範囲をふまえた分散配置が望まれる．
- 工業系は，郊外に工業団地として集約する．市街地には，他の用途への悪影響がなく，

表6.5　住居系，商業系，工業系の諸地域の配置に関する考える方

住居系	1. 災害の恐れがなく，自然環境に優れた良好な地域を選ぶ． 2. できる限り職住が近接した配置となるように検討する． 3. 公共交通機関の利用や生活利便施設の活用が可能な地域を選ぶ． 4. 低層および中高層の住居専用地域として鉄道沿線は騒音，安全に十分配慮する． 5. 必要に応じて，商業，工業，工専と直に接することは避ける．
商業系	1. 商圏，生活圏による都市の構造に配慮して商業系の配置を考える． 2. できるだけ交通の利便性が高く，人々が集まりやすい場所を選ぶ． 3. 将来の変化，発展に十分弾力的に対応できる地域を選ぶ．
工業系	1. 自然，交通，周辺の各条件に照らして工業の生産活動が確保できる地域を選ぶ． 2. 当該地域はもとより，周辺状況を含め工業の発展に寄与できる地域を選ぶ． 3. 公害・環境問題から他の用途との隔離が必要なものはそのことに配慮する．

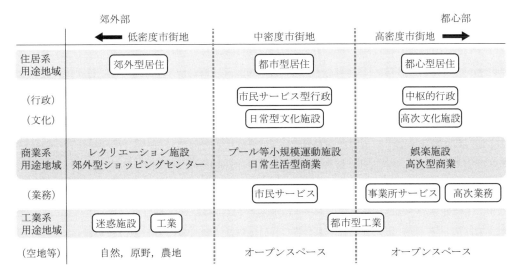

注）市民サービス：市民が対象のサービス業務，事業所サービス：一般事業所が対象のサービス業務
　　高次業務：専門性の高いサービス業務

図 6.5　都市活動の相互連携

表 6.6　地域地区の都市計画決定事項（都計 8 条第 3，4 項）

8 条		地域地区	定める事項（一，二を定め，三は努める）
3項	一	地域地区の種類（特別用途地区は特定目的を明らかにした特別用途地域の種類），位置および区域	
	二	次の地域地区はそれぞれに定める事項	
		イ　用途地域	容積率ならびに敷地面積の最低限度[注1]
		ロ　一種低層，二種低層，田園住居	建ぺい率，外壁後退距離の限度（低層住居環境保護に必要な場合）および建築物の高さ限度
		ハ　ロの低層系住居を除く住居系，近商，工業系の各地域	建ぺい率の限度
		ニ　特定用途制限地域	制限する特定建築物の用途概要
		ホ　特例容積率適用地区	高さの最高限度[注1]
		ヘ　高層住居誘導地区	容積率，建ぺい率の最高限度[注1] および敷地面積の最低限度[注1]
		ト　高度地区	高さの最高限度または最低限度（準都計区域は高さの最高限度）
		チ　高度利用地区	容積率の最高限度および最低限度，建ぺい率の最高限度，建築面積の最低限度ならびに壁面位置の制限[注2]
		リ　特定街区	容積率，建ぺい率ならびに高さの最高限度および壁面位置の制限
	三	面積，その他（特定街区，臨港地区，風致地区などの名称）	
4項	都市再生特別地区，居住環境向上用途誘導地区，特定用途誘導地区，特定防災街区整備地区，景観地区，緑化地域		前項一，三および別に法律に定める事項

注1）当該地域または地区における市街地環境確保に必要な場合．
注2）敷地内道路（計画道路含む）に面し，環境向上に必要な場合．

暮らしや都市活動と関わりがある修理サービスや印刷業などの軽工業の配置が望ましい.

また，用途地域を都市計画に定める際に必要な諸事項をまとめれば表6.6のイ〜ハのとおりである（都計8条第3項）．用途地域の種類，位置および区域（以下，基本事項という）と用途地域ごとの目的達成のために必要な建築物の形態を定め，面積その他は定めるように努めるものである.

6.3 特別用途地区と特定用途制限地域

▶6.3.1 特別用途地区

特別用途地区は，「用途地域内で，地区の特性にふさわしい土地利用の増進，環境保護などの特別の目的の実現を図るため，当該用途地域の指定を補完する地区」である（都計9条第14項）.

たとえば，学校の周りや通勤通学路沿いの地域が近商の指定であれば，表6.3をみてわかるように，さまざまな遊戯施設を建築することができる．しかし，その中には学校環境にふさわしくない施設があり，そうした一部の用途の施設の立地を規制するために特別用途地区として文教地区を定める例がある．これは，用途地域の原則は変わらないが，その一部地区の建築物の用途を抑制し，より望ましい環境の地区を展開する文教地区を限定的に定めるものである.

これまでの事例をみれば，それぞれの都市機能の増進を図る特別用途地区として，特別工業地区，特別業務地区，娯楽レクリエーション地区などの設定がある．これらは，各自治体が地域の事情に応じて用途地域の枠にとどまらない用途規制を行い，適切かつ良好な都市発展を促進するために設定するものである．その内容について

は特段の定めがなく，自治体の裁量に委ねられている.

特別用途地区が必要な場合，設定目的と区域を定める．そのうえで，個別の地区で，都市計画の基本方針，地区の特性と課題などを検討し，用途内容について設定することとなる（建基49条）.

また，特別用途地区内の建築物の用途や敷地，構造などについては，指定の目的のために必要なものを地方公共団体の条例に定めることができる（建基50条）.

▶6.3.2 特定用途制限地域

線引き都計画域では，市街化区域の用途地域と，土地利用を厳しく抑制する市街化調整区域とですべてが規制されている．しかし，非線引き都計区域や準都計区域では，そうした規制がないところがある．このため，3.2節に述べたように，モータリゼーションの進展とともに，大規模な店舗やパチンコ店，カラオケボックス，個室付き浴場，危険な工場などが建てられ，騒音や交通混雑に悩まされ，住環境を損ねるなどの問題が生じた.

そこで，「用途地域が定められていない土地の区域（市街化調整区域を除く）内で，良好な環境の形成やその保持のために，制限すべき建築物の用途の概要」を都市計画に定めることができ，これを特定用途制限地域という（都計9条第15項）．つまり，もともとの地域における閑静な環境を守るために，特定の建築物の用途の制限を行う地域を定めることである（建基49条の二，50条）．前述の特別用途地区と紛らわしい名称であるが，目的や意味は異なる.

6.4 市街地を整える地域地区

市街地では，土地の合理的かつ健全な活用が

表 6.7　市街地を整えるための地域地区制度

地域地区	適用地域	定義（都計 9 条第 16〜20 項）	関係法
特例容積率適用地区	低層住系，工専を除く地域	ある敷地の未利用容積を同じ地域内の他の敷地で利用する地区	都計 9 条第 16 項，建基 57 条の二
高層住居誘導地区	住居系，近商，準工	住居とそれ以外の用途とを適正に配分し，利便の高い高層住宅の建設を誘導する地区	都計 9 条第 17 項，建基 57 条の五
高度地区	用途地域内の市街地	市街地の環境維持，土地利用増進のため，建築物の高さの最高又は最低限度を自治体が定める地区	都計 9 条第 18 項，建基 58 条
高度利用地区	用途地域内における市街地（再開発）	市街地の土地の高度利用と都市機能の更新のため，容積率の最高または最低限度，建ぺい率の最高限度，建築面積の最低限度，壁面の位置の制限を定める地区	都計 9 条第 19 項，建基 59 条，再開発 3 条，3 条の二
特定街区	市街地の街区	街区内で既定の建築規制を廃し，建築物の容積率の最高限度，高さの最高限度，壁面位置を特別に定める	都計 9 条第 20 項，建基 60 条

注）低層住系：一，二種低層住専および田園住居地域.　　住居系：一，二住居および準住居地域.

求められるものの，単に用途地域やそれを補っただけでは必ずしも達成できない．これは，用途地域が敷地ごとの建築物の形態に関して限度基準を定めているに過ぎないことによる．

　すなわち，地域地区の面的広がりでみれば，建築物の効率的な用途の整備や都市機能の拡充が図られていない，市街地にふさわしい高度利用が進んでいないなどがある．そこで，市街地を整えて改善を図るために，表 6.7 に示す諸地域地区の提案があり，都計決定事項は表 6.6 のとおりである．

▶6.4.1　特例容積率適用地区
　特例容積率適用地区は，「中高層住専系，住居系（表 6.7 の注参照），商業系および準工・工業の用途地域内で，適正な配置と規模の公共施設を備えた土地の区域において，建築物の容積率の限度からみて未利用となっている容積を活用し，土地の高度利用を定める地区」である（都計 9 条第 16 項）．

　特例容積率の指定基準および建物の高さの上限を同時に定めることで，使われずに残った未利用の容積を他の敷地に移し，空中権の移転（売買）を可能にするものである（表 6.6）．国の重要文化財である東京駅の赤レンガ駅舎の修復費を捻出するため，その空中権が近くの複数のビルに売却されたが，これは本地区の適用例である．

▶6.4.2　高層住居誘導地区
　高度経済成長期やバブル期に，都心部の地価の高騰もあって，市民は環境の良い郊外に住む傾向にあり，都心部の夜間人口が減少して空洞化した．このことから，都心回帰を図る目的で高層住宅を誘導するため，住宅の床面積に関して容積率を割り増しする高層住居誘導地区が創設された．これは，住居系，近商，準工で容積率 400 または 500% の地区内に認められる（都計 9 条第 17 項）．

　事例には，東京都における職住近接の高層マンションの東雲（しののめ）キャナルコートや芝浦アイランドがある．しかし，この地区制度は最初こそ用いられたが，最近では生活・通勤を含めて都市活動に便利な都心回帰が見受けられることや，テレワークの発達から，わざわざ設定する例はあまりみられない（1.5.1 項，表 6.1 参照）．

▶6.4.3　高度地区と高度利用地区
　高度地区の高度は建築物の高さを意味し，「用途地域内において市街地の環境を維持し，また

は土地利用の増進を図るため，建築物の高さの最高限度または最低限度を定める」地域地区のことである（都計9条第18項）．建築物の高さの最高限度または最低限度（準都計地域は最高限度に限る）を都市計画に定めることができる（表6.6）．建基法58条で，「建築物の高さは，高度地区に関する都市計画において定められた内容に適合するものでなければならない」とあり，具体的には，導入の有無を含めて特定行政庁の定めによる．図6.6, 6.1に例示するように，日照に配慮し，北側斜線と高さの最高限度を組み合わせたものが多い．

一方，**高度利用地区**は「用途地域内の市街地における土地の合理的かつ健全な高度利用と都市機能の更新を図るために，建築物の形態制限等に関する諸内容を定める地区」のことである（都計9条第19項）．

この地区は，建築上の諸制限を定め，空地を確保した建築物の大規模化や共同化を行い，再開発などで土地の有効活用や市街地環境の向上を図り，高層ビル群が建つイメージである．たとえば，大阪市阿倍野東3-地区は高度利用地区指定の例であり，容積率最高限度900%，同最低限度300%，建築面積の最低限度250 m²，建ぺい率最高限度60%の定めである．

▶6.4.4　特定街区

特定街区とは，「市街地の整備改善を図るため，街区の整備または造成が行われる地区」を定めるものである．特定のプロジェクトが定まった街区で，通常の建築形態の規制を部分的に外し，たとえば容積率や高さの最高限度，壁面の位置を改めて定める地域地区である（都計9条第20項，表6.6参照）．

本街区の適用は，前述までのような敷地単位でなく，街区を単位に市街地を整備する地域地区である（表6.7）．

つまり，特定街区は，「街区として形が整い，オープンスペースが期待できる空地を確保し，形態規制を加えてもなお有効な高度利用が可能な建築敷地が確保できる街区を指定すること」が望ましいとされている[3]．そのうえで，空地の規模に応じた容積率が緩和され，超高層ビルの建設が可能であるので，東京都の霞が関ビルをはじめ，西新宿の高層ビル群や札幌，横浜，大阪など全国各地で用いられている．しかし，いまでは都計法だけではなく，他の法律，地方公共団体の条例や規定，民間のまちづくりなどで，類する制度が定められている．例としては，建築物容積率の最高限度1200%，高さ限度195 mの大阪市の堂島二丁目特定街区がある．

6.5　都市再生のための地域地区

都市の再生のための都市再生緊急整備地域と立地適正化計画に関係して，次の四つの地域地区がある（都計8条第1項四の二号）．ここではそれらを紹介するが，実際の活用は5.4節，10.5.2項に述べるとおりである．

▶6.5.1　都市再生特別地区

10.5.2項に述べる都市再生緊急整備地域のう

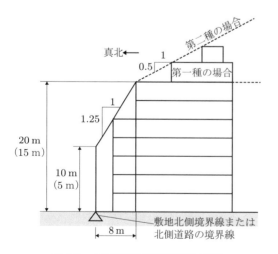

図6.6　北側斜線を含む高度地区の例

ち，「都市再生に貢献し，土地の合理的かつ健全な高度利用を図る特別の用途，容積，高さ，配列などの建築物の建築を誘導する必要がある区域」について，都市計画に都市再生特別地区を定めることができる（都市再生36条第1項）．

既存の用途地域などによる規制を適用除外とし，それにとらわれずに，「誘導する用途（必要な場合），容積率の最高限度（400％以上）および最低限度，建ぺい率の最高限度，建築面積の最低限度，高さの最高限度，壁面の位置の制限」について，その内容を特例として都市計画に定めることができる（都市再生36条第2項）．

また，道路の上空または路面下において，建築物その他の工作物を建築することが適切と認められるとき，当該道路の区域に上下の範囲を定めて，建築物等の敷地と重複して利用する区域を定めることができる（都市再生36条の二）．

さらに，こうした都市再生事業または公共公益施設整備事業を都市開発事業者が提案できる（4.2.3項）．

▶6.5.2　居住調整地域

立地適正化計画に居住調整地域がある．調整の意味そのものは市街化調整区域のそれと同じで，その内容が居住に適用されるものである．「立地適正化計画区域（市街化調整区域を除く）のうち，当該立地適正化計画に記載の居住誘導区域外の区域で，住宅地化を抑制する地域」を都市計画に定めることができる（都市再生89条，図5.4参照）．

つまり，線引き都計区域では，市街化区域内で，かつ居住誘導区域外に居住調整地域が定められ，市街化区域周辺で市街化調整区域との緩衝地域になる．また，後々の逆線引き（市街化区域を市街化調整区域にすること）に備える意味をもつ．非線引き都計区域では，居住誘導区域外の区域における開発圧力への対処が期待できる（居住調整区域の開発行為の許可は15.1.4項で述べる）．

都計運用指針[3]で，工業系用途地域の空き地化や災害ハザードエリアの住宅地化の防止対策などへの居住調整地域の適用が例示されている．しかし，設定が難しいのか，活用は現在のところ全国で一つの都計区域のみである（表6.1参照）．

▶6.5.3　居住環境向上用途誘導地区

立地適正化計画記載の「居住誘導区域」内で，当該区域に関わる小規模な病院・診療所，日用品を扱う小規模店舗，近隣地区の住民利用の共同事務所などがあり，それらを居住環境向上施設という．この施設に限定して，用途規制や容積率を緩和し，そうした建築物の建築を誘導す

表6.8　居住環境向上用途誘導地区の建築物の制限

項目	制限の内容	建基法	備考
容積率	誘導すべき用途に供するものは都市計画で定めた数値以下	52条第1項六号	
建ぺい率	都市計画に定められた最高限度以下	60条の二の二第1項	公益上必要な建築物は適用除外（一部は特定行政庁の許可必要）
壁面の位置	建築物の壁またはこれに代わる柱は都市計画に定められた壁面位置に違反してはならない	60条の二の二第2項	公益上必要な建築物は適用除外
絶対高さ	都市計画に定められた最高限度以下	60条の二の二第3項	特定行政庁が許可したものを除く
用途制限	条例で緩和が可能	60条の二の二第4項	国土交通大臣の承認が必要

る地域が居住環境向上用途誘導地区である（表6.8参照）．用途地域を定めた地区（工業専用地域を除く）に定めることができる（都市再生94条の二）．

▶6.5.4 特定用途誘導地区

特定用途誘導地区は，立地適正化計画に記載される都市機能誘導区域において，区域に関わる施設（医療，福祉，商業の施設，駐車場など）を有する建築物の誘導を定める区域のことである（都市再生109条第1項）．

用途地域が定められている区域に限り，特定用途誘導地区の設定が認められる場合は，次の諸内容について，通常の用途地域とは異なる緩和を都市計画に定めることができる（都市再生109条第2項）．すなわち，地域地区の種類，区域などの規定事項に加え，次の建築物の形態規制などである．

- 建築物の誘導用途とその容積率の最高限度
- 当該地区の土地の高度利用が必要な場合の建築物の容積率の最低限度や建築面積の最低限度
- 市街地の環境保全のための当該地区における建築物の高さの最高限度

6.6 遊休土地転換利用促進地区

市街化区域内において，未利用のまま放置された大規模な遊休地があれば，まちづくりに支障をきたす．また，効率的な公共施設の整備や活用のうえで望ましくない．これらから，必要な場合，都市計画に遊休土地転換利用促進地区を定めることができる（都計10条の三）．

この促進地区の該当要件は市街化区域内で，おおむね0.5 ha以上の土地が遊休土地転換利用促進地区である．

- 相当期間（おおむね2年），住宅や事業等の施設などに供されていないこと
- 当該区域および周辺地域の計画的土地利用の増進に著しい支障があること
- 当該区域内の土地の有効かつ適切な利用を促進することが，当該都市の機能増進に寄与すること

遊休土地転換利用促進地区に指定されれば，土地所有者はできるだけ速やかに土地の有効活用に努め，市町村は適切な指導・助言を行うとされている（都計58条の五）．また，国・地方公共団体は，地区計画の都計決定や土地区画整理事業の措置に努めなければならない（都計58条の六）．

転換利用が進まないまま，促進区の告示から2年を経過すると，土地面積1000 m^{2}以上などの要件に該当する遊休地に対し，土地の利用または処分計画の届出，勧告，買取り協議などの具体的な措置が求められる（都計58条の七）．

6.7 その他の地域地区

▶6.7.1 臨港地区とその分区

わが国は島国で，沿岸域の諸都市に港を発達させてきた．2023年では，国際戦略港湾（5港），国際拠点港湾（18港），重要港湾（102港），地方港湾（807港），および港湾区域がなく水域の定めを公告した港湾（56条港湾という．61港）があり，合わせて993港に及ぶ．その中で，56条港湾を除けば，港湾の水域が港湾区域であり，それと一体に利用する背後の陸域が臨港地区である．

この臨港地区の土地利用については，二つの法律に準拠している．一つは，同地区が都計区

域内，区域外に分かれる中で（港湾 38 条），都計区域内にあるものについては地域地区の一つにあげられ，「臨港地区は港湾を管理するために定める地区」とし，「地域地区内の建築物その他の工作物の制限は別に法律で定める」としている（都計 10 条）．

そこで港湾法をみると，港湾管理者（港湾局または地方公共団体）は，臨港地区内において，表 6.9 に示す 10 種類の分区が指定でき，港湾管理者としての地方公共団体の区域の範囲内で指定しなければならない（港湾 39 条）．

当然ながら，分区内は各分区の目的を著しく阻害する建築物その他の構築物で，港湾管理者としての地方公共団体の条例で定めるものを建設してはならず，また建築物その他の構築物を改築し，またはその用途を変更して当該条例で定める構築物としてはならないとされている（港湾 40 条）．なお，このことをふまえ，6.2,6.3 節に述べた建基法の用途地域及び特別用途地区は適用されない（港湾 58 条）．

図 6.7 は，公有水面の埋め立により建設された臨港地区である．商港区，工業港区がほとんどを占めるが，全国の主要な都市の港湾はおおむね同じ状況である．

図 6.7　臨港地区（手前埠頭が商港区，奥が工業港区）

▶6.7.2　流通業務地区

貨物の集荷・配送が求められる流通施設やそのための拠点は，成り行きに任せれば，貨物の集配が多い都市の市街地部に集まる．また，物流の広域化，多様化とそのための大型トラック輸送が増え，交通混雑に拍車がかかる恐れがある．

このため，流通関連の交通が都市交通の渋滞を引き起こし，市街地における交通の安全，環境の悪化を招き，流通機能の低下や都市活動を阻害することもある．

そこで，これに対処するために「流通業務市街地の整備に関する法律」（流通市街法）が定められた．

つまり，幹線道路，鉄道等の交通施設の整備の状況に照らし，流通業務市街地として整備することが適当と認められる区域について，当該都市の流通機能の向上および道路交通の円滑化を図るために流通業務地区を都市計画に定めることができる（流通市街 4 条第 1 項）．

流通業務地区における建築物などは，建基法の用途地域等および特別用途地区による用途の規制は適用されず，流通市街法よる．それに基づいて流通業務地区がどのような内容かを理解するため，関係する流通業務施設をあげれば，貨物取扱施設，貯蔵施設，倉庫，野積城，荷捌場，卸売市場などがあり，図 6.8 の例では，貨物地区，倉庫地区，卸売地区に大別して配置されている．

表 6.9　臨港地区の分区と定義（港湾 39 条）

分　区	定　義
商港区	旅客または一般の貨物の取扱区域
特殊物資港区	大量バラ積みをする物資の取扱区域
工業港区	工業用施設の設置区域
鉄道連絡港区	鉄道と鉄道連絡船との連絡区域
漁港区	水産物を取扱い，漁船の出漁準備区域
バンカー港区	船舶用燃料の貯蔵，補給区域
保安港区	爆発物などの危険物の取扱区域
マリナー港区	スポーツ用ヨットなど船舶の利便区域
クルーズ港区	観光旅客の利便に供する区域
修景港区	景観整備，港湾関係者厚生の増進区域

図 6.8　流通業務地区（岐阜流通センター）

▶6.7.3　航空機騒音障害防止地区など

　特定空港周辺航空機騒音対策特別措置法の航空機騒音障害防止地区・同特別地区がまた都市計画における地域地区である．成田空港周辺への適用があり，航空機による著しい騒音が及ぶ航空機騒音障害防止地区を定め，学校，病院，住宅などに防音工事が行われている．また，航空機騒音障害防止特別地区では，学校，病院，住宅などは建築してはならない．

第 7 章

都市の交通計画

交通は都市活動の根源であり，安全で円滑な交通体系を確立することは都市に必要不可欠である．本章では，都市交通をどう把握し，将来をどう予測するか，都市の交通計画や交通施設計画をどう策定するかについての要点を説明する．

7.1 都市の交通計画とその課題

▶7.1.1 交通計画の標準的な交通需要

都市では，その中枢から末端に至るまで，さまざまな性格をもつ交通・運輸（以下，単に交通という）の需要が生まれ，それによって都市活動が活発化する．中でも，"人の動き"，"モノの運搬"は，都市の日常生活，社会生活および交流活動の根源であり，エネルギーである．こうした交通需要に応えるため，安全かつ効率的な交通手段・交通施設（以下，交通施設等という）をどのように効果的に整備し，管理し，活用・運用するかは，都市の整備と維持の観点から見逃せない課題である．つまり，現代都市の交通施設等は陸，海，空と幅広く多様であり，それらのハード，ソフトにおよぶ総合的しくみが機能する総合交通体系をなしている．

この総合交通体系が国内外の都市・地域を繋ぐとともに，都市内部の活動基盤であり，活動体"都市"を支える重要な都市施設である．

したがって，都市の交通計画では，交通需要の把握，交通施設等の整備，総合交通体系の確立と運用に関わる一連のことを検討し，交通施策の展開を図ることが強く求められる．

その際，問題は，同じ都市地域でありながら，交通需要が，平日と休日や季節で変化したり，災害や大規模イベントなどの非日常の状態が

あったり，量的にも質的にもさまざまに変動することである．つまり，都市づくりにおいてどのような交通状態を基準にするかが問われるが，一般には，年間の平均的な平日1日（秋の平日）の交通需要を予測し，用いている．

したがって，都市の交通計画は，この交通需要を計画基準にし，「道路，都市高速鉄道，駐車場，自動車ターミナル，その他の交通施設」（都計11条）を個別または総合するさまざまな計画である．

▶7.1.2 交通計画と課題

人口減・高齢社会の到来により，とりわけ安全・安心の人に優しい交通施設の整備が大切になり，また，質の高い交通体系の確立が必要になった．このことから，どのように，これからの都市交通体系を確立し，交通施設を整備・利用していくかが問われており，そうした観点で考える都市の交通問題は次のとおりである．

----

① 高齢社会の進行と社会経済活動の高度化に伴い，人・モノの動きの技術革新，とりわけ交通支援と情報に関わる技術との融合が，交通システム，ひいては都市の構造に変化をもたらしている．その一方で，財政難の中，蓄積された交通施設のストックをどう使いこなすか，あるいは，それを交通の質的変化に対応してどう改善するかが問

われている.

② 戦後の復興期を経て,高度経済成長期に一斉に整備された交通施設が一斉に耐用年数を超え,その長寿命化,維持管理,更新は必須である.

③ 気候変動や地震等に伴う大規模災害の頻発から,交通網・交通施設の災害時対応,すなわち,都市安全が求められている.

④ 高齢社会において,移動制約者に配慮し,真に人に優しい交通体系のあり方が従来に増して問われている.

本章は,①,②を念頭に,平日交通をもとにした都市計画の基本事項を述べる.そのうえで,③は14.1～14.5節で,④は14.7節で取り上げる.

7.2 交通需要の把握と予測[11]

▶7.2.1 交通需要特性の把握

都市の交通需要を把握するには,人の動きを対象にするPT(person trip)調査と,モノの動きを対象にする物流調査がある.ここでは広く用いられているPT調査を取り上げる.

PT調査の骨子を図7.1に示す.調査エリア(都市または都市圏など)を定め,エリア内の居住者を対象に,所要精度に適う規模の調査対象者を抽出する.そのうえで,平日の交通行動をWebや郵送などでアンケート調査する.これがPT調査の本体調査である.

本体調査で把握できない,エリア外の人が日常的に出入する交通は,エリア内外を分ける境界線(コードンラインという)の出入り交通量,調査や大量輸送機関調査で補い(これをコードンライン調査という),場合によっては簡易なPT調査を行う.

また,河川や鉄道など,エリアを横断する箇所が限られる切断線を利用し,それを通過するすべての自動車交通を調査するスクリーンライン調査がある.これは,バスやタクシーの回送,トラック交通などを含め,ラインを横切る1日の全自動車の台数が把握でき,本体調査の調査精度のチェックと補正に用いることができる.

本体調査は,エリア内に居住する人々に対する標本調査である.このため,通常は,その標本データに拡大係数を掛けて,調査エリアの母集団の交通需要を再現する方法が用いられる.そのうえで,コードンライン調査による補完,スクリーンライン調査による精度補正を行い,調査エリアの交通需要再現のマスターデータが作成され,このマスターデータからさまざまな交通需要特性が把握できる.

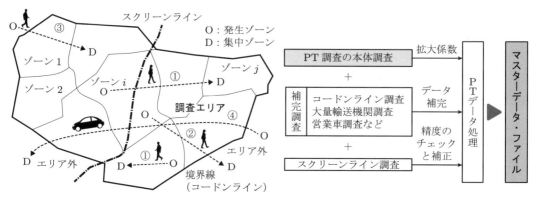

図7.1　PT調査のエリアと体系

（1）交通の生成と生成原単位

人が生成する交通の単位は，「ある交通目的をもって，ある地点（発生ゾーン）を出発し，目的地（集中ゾーン）に到着する一回の動き」を1トリップ（trip）と数える．以下は，事例をもとにこの生成交通について説明する．

つまり，1人が1日に生成するトリップを求めれば，図7.2の生成交通量分布図が得られる．

偶数トリップと奇数トリップの分布に分かれ，偶数トリップに比べて奇数トリップは明らかに少ない．また，1日に1回だけ"出かけて，帰る"などの生成交通2トリップ/日の割合が半数以上を占め，まったく外出しないは10%である．

なお，全調査人口の平均生成交通を**グロス原単位**といい，その値2.6トリップ/日に対象エリアの人口を掛ければ，エリアに関する1日の

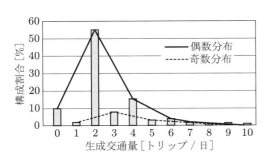

図7.2　生成交通量の分布（北部九州都市圏 PT 調査 2015）

全生成交通量が得られる．

（2）交通目的

平日の交通目的は，大きくは通勤（往），通学（往），業務，私用，帰宅に分けられる．表7.1の右表は，大都市圏の平日交通について総交通量に占める各交通目的トリップの割合である．どの都市圏も帰宅が約4割で，次いで私用，通勤（往）の順である．

（3）交通手段

都市の交通手段は，徒歩，自動車，鉄道などとさまざまであり，人々はこれらを繋いで1トリップの交通目的を達成する．たとえば，通勤（往）で，自宅からバス停まで徒歩，バス停から鉄道駅までバス，そこから目的地の最寄り駅まで鉄道，駅から歩いて会社に着くとすれば，徒歩→バス→鉄道→徒歩の繋がりである．

つまり，交通は交通目的ごとに把握するトリップだが，このままでは1トリップに複数の交通手段が対応し，しかもその組み合わせはトリップごとで異なり，複雑である．そこで，前述の複数手段の繋がりから**代表交通手段**を選び，これをそのトリップの交通手段とみなす．先の通勤では鉄道が代表で，その前の徒歩 + バス，後の徒歩は鉄道利用の補助手段（**端末交通**）である．これは，手段を徒歩，二輪車，自家用車・タクシー，バス等，鉄道，船舶・航空

表7.1　交通目的の分類と都市圏別調査事例の結果

小分類	中分類	大分類
通勤（往） 通学（往）	通勤（往） 通学（往）	通勤（往） 通学（往）
業務1（販売，配達，打合せ，帰社等） 業務2（農耕漁業，帰宅）	業務1 業務2	業務
私用1（買物，私事用務） 私用2（社交，帰校等）	私用	私用
通勤（復） 通学（復）	通勤（復） 通学（復）	帰宅
私用1帰宅 私用2帰宅	私用帰宅	

都市圏の交通目的別構成割合				
都市圏	東京	京阪神	中京	北部九州
調査年	2008	2010	2011	2015
通勤（往）	16	15	16	16
通学（往）	6	7	7	7
業務	8	9	8	15
私用	29	28	26	24
帰宅	42	41	43	39

［%］
（都市圏別調査報告より作成）

表7.2　人の動きの代表交通手段別構成割合　　[%]

都市圏	調査年	鉄道	バス等	自動車	二輪車	徒歩
東京	2008	30	3	29	16	22
京阪神	2010	20	3	31	22	24
中京	2011	11	1	61	11	15
北部九州	2015	11	5	55	11	18

機と並べ，後になるほど代表性が高いと判断することによる．

表7.2に，大都市圏の大区分による代表交通手段別構成割合を示す．自動車と徒歩は共通して多い．鉄道は整備状況を反映して異なる．

（4）ゾーン間の交通需要のOD分布

ソーンiで発生（origin）し，ゾーンjに集中（destination）するゾーン間のトリップを**分布交通**または**OD交通**という（図7.1）．通常，1日の分布交通を集めて表にまとめるが，それが調査日の現在OD表である（図7.3左）．

つまり，OD表のx_{ij}は発生ゾーンiから集中ゾーンjへのペア（i, j）に対するトリップを集めた分布交通量である．その際，同じ対象エリアでもゾーンの区切り方で異なる．また，OD表のx_{ij}を，行で集計した$G_i = \sum_j x_{ij}$はゾーンiからの発生交通量，列で集計した$A_j = \sum_i x_{ij}$はゾーンjへの集中交通量である．

当然だが，この分布交通量のOD表における値の分布は，都市圏の規模や活動内容，交通体系の状況などで異なり，ゾーンの区切り方によっても変わる．

▶7.2.2　都市交通需要の予測

PT調査から，都市交通の需要データとして，全目的または交通目的別に現在OD表が得られる．したがって，将来の交通需要は，この交通目的別の現在OD表を用いて，通常は，図7.3の中央に示す内容と手順で分解的に予測モデルを作成し，図右の将来OD表を求めるが，その手順は次のとおりである[11]．

〈Step1〉発生・集中交通量の予測

発生ゾーンiの現在発生交通量G_iおよびゾーンjの現在集中交通量A_jは，それらゾーンの人口や経済指標などと関係がある．このことから，交通目的を念頭において，交通需要と関係が深いこと，およびデータ入手と将来予測が可能であることを考慮して説明変数（就業人口など）を見出せば，G_i，A_jの重回帰モデル（3.4.1項）が得られる．そのうえで，これらモ

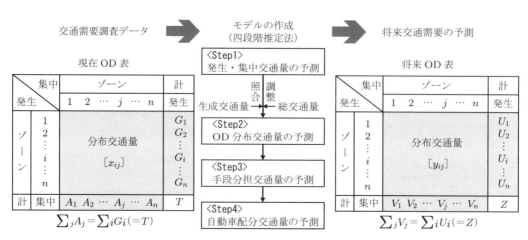

図7.3　現在OD表に基づく将来OD表の四段階推定法

デルの説明変数の将来値を別途予測して代入すれば，各ゾーンの将来の発生交通量 U_i，集中交通量 V_j が予測できる．

〈Step2〉OD 分布交通量の予測

現在 OD 表から，現在の分布交通量データ x_{ij}，G_i，A_j およびゾーン i から j への交通特性 d_{ij}（トリップ時間または距離）の現状データを準備する．そのうえで，たとえば，物理学の重力モデルに類する乗法モデルを仮定するなどして，そのパラメータを最小二乗法で推定する．その結果と Step1 で得た将来の U_i，V_j と d_{ij} の値を代入すれば，将来の分布交通量 y_{ij} が予測できる．

〈Step3〉手段分担交通量の予測

代表手段別の分担交通量は，発生・集中交通量，分布交通量のいずれからも推測できる．前者は，ゾーン固有の特性で説明される分担率モデルを作成して活用する．後者は OD 間のトリップ特性（交通費や交通所要時間など）による分担率モデルの作成である．

さらに別法として，個人属性を説明変数に加え，個々人のトリップデータから，人々が所与の交通環境でどの交通手段を選択するかとの観点による手段選択確率モデルもある．

〈Step4〉道路網における自動車配分交通量の予測

Step3 で得た自動車利用のトリップ需要を平均乗車人数で割れば車台数に換算できる．その台数需要は，自動車の普及で部分的に道路の交通容量を超えることもある．このため，道路における車の混雑や環境への配慮が課題となる都市も少なくない．そこで，自動車などを代表交通手段とする交通需要を，同じ OD 間を移動するにあって，どの経路を選び走行するか，つまり自動車交通のための道路網への配分を求めるが，それには 2 通りがある．

一つは，OD 間を他の車などに妨げられることなく自由に走行できるとして最短の距離（ま

たは所要時間）のルートを探し，それに車 OD 交通量を割りつける方法である．これをすべての OD ペアで行って加えれば，交通混雑のない状態の道路網が確立されている理想的な場合の道路配分交通が予測できる．

もう一つは，交通量が増えれば道路は混雑して走行速度が低下することから，そのことを考慮する実際的な予測である．

上述の二つの算出結果の差は，道路網における車交通状況の良し悪しの判断となり，道路網改善策の検討に有益な情報をもたらすことになる．

Step4 は，車交通について述べたが，バス路線網，徒歩，自転車の OD 交通配分の検討などに，さらには東京都の特別区内のように鉄道網が発達したところでの鉄道路線の選定に応用することができる．

7.3 交通政策基本計画

▶7.3.1 交通政策基本計画の策定

交通施設等は，末端から基幹までの道路，路面電車・バス，鉄道，港湾，空港など多様である．しかも今日では，陸にあっても地下，地表，高架といった空間を活用する多様な交通手段が発達している．あるいは，別の観点に立てば，人口減・高齢社会，大規模災害，交通技術革新で，効果的な整備や経営を含む戦略的，総合的な交通体系の確立とそのサービスの提供が求められている．

いずれにしても，住民や来訪者は，どのような手段がどう運営され，交通利便性が高いか，安全か，に関心があり，これに応えて，行政，交通事業者と利用者は，協働し，総合的な都市交通政策をさまざまに検討することが望まれる．

図 7.4(a) は，国が「交通に関する施策を総合的かつ計画的に推進し，国民生活の安定向上

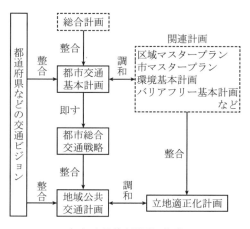

Ⅰ 都市骨格形成の総合交通体系の構築
1 公共交通主軸の総合交通体系
2 幹線道路ネットワークの形成
Ⅱ 誰もが安全・安心の交通
3 安全，安心の交通環境づくり
4 地域特性に応じた生活交通の確保
5 災害に強い交通体系の実現
Ⅲ 環境にやさしい交通
6 公共交通の利用促進
7 自転車，徒歩にやさしい交通環境整備
8 環境配慮の道路交通施策の推進
Ⅳ 都心の活力支援の交通
9 都市拠点間公共交通軸と回遊性
10 公共交通の利便性向上，自動車交通円滑化
Ⅴ 国内外の人流・物流を支える交通
11 広域道路ネットワークの形成
12 陸・海・空の結節と連携強化
13 分かり易く使い易い交通環境

（a）交通基本計画の体系

（b）都市交通基本計画における目標と方針
（福岡市都市交通基本計画の基本方針）

図 7.4　交通基本計画などの関係と基本計画の例

および国民経済の健全な発展を図る」ことを目的に交通政策基本計画を定め，そのもとで地方公共団体が交通基本計画を策定するしくみである（交通政策基本 32 条）.

　都道府県が計画した交通ビジョンに整合し，市町村の総合計画や都市計画に関わるマスタープランなどと調和させて，市町村の都市交通基本計画が策定される. そのうえで，これに即した都市総合交通戦略が立案され，続いて地域公共交通計画が定められる.

　市町村が策定した交通基本計画の基本方針を図 7.4（b）に例示する. 幹線交通体系の構築，交通の安全や環境，円滑化や利便性の向上，人に優しい交通体系の確立などの目標と方針が示されている.

▶7.3.2　総合交通体系

　前述したように，都市の交通基本計画の実施計画の下に都市総合交通戦略がある. そこでは多様な交通手段の体系的組立が検討されている.

　すなわち，図 7.5（a）のように，域内外の広域交通拠点（空港など）があり，それを受けて，鉄道系，軌道・バス系，自動車系，歩行者系，

またはそれらの組み合わせによるさまざまな交通手段がある. また，これらのトリップの長短，輸送能力の大小の交通特性をもとに整理し直せば図 7.5（b）のとおりである. 左下は，個別移動・短いトリップの徒歩，車いす，自転車などが位置する. 一方，右上は，大量輸送・長いトリップの鉄道などがある. そして，両者の間にさまざまな交通手段が重なり，競合している.

　したがって，都市の総合交通体系は，それらの選択と組み合わせで構築される. 限られた都市空間の中で，当該都市交通の需要に適した交通拠点を複数選び，都市内外の地域にそれらをどう繋いで配置するかが問われるが，その計画の手順は次のとおりである（図 7.6（a））.

----

① 現在および将来の都市像とその骨格をなす総合交通体系整備の課題と方針を整理する. そのうえで，交通手段の導入の是非とその種類やルートの構想，基本的な交通体系を検討する. 検討には図 7.6（b），（c）に示す希望線図やスパイダーネットワーク図を用いる（7.4.2 項）.

② 都市の骨格をなす主要幹線公共交通および

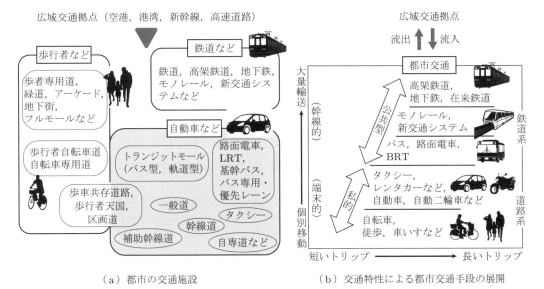

（a）都市の交通施設 （b）交通特性による都市交通手段の展開

図7.5 都市交通の手段，施設とそれらの特性

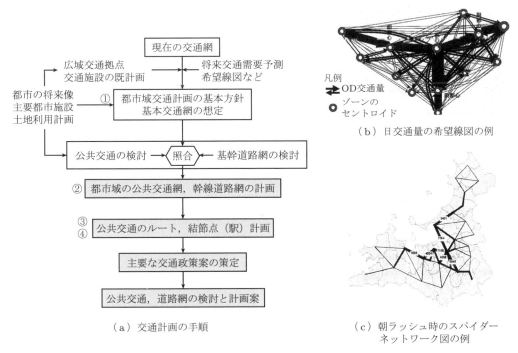

（a）交通計画の手順 （b）日交通量の希望線図の例

（c）朝ラッシュ時のスパイダー
ネットワーク図の例

図7.6 都市の総合的な交通体系確立のための交通計画の手順

幹線道路ネットワークを検討する．
③ 主要な交通拠点の配置，および地域の補完
　 的交通網との整合性を検討する．
④ 地区の末端交通のあり方を考える．

つまり，総合交通体系は，交通需要を都市全
体で，幹線から末端に繋がる交通体系として検
討する計画の積み重ねで得られる．

7.4　公共交通計画の策定

▶7.4.1　地域公共交通計画

1980 年代，全国的交通事業者であった当時の日本国有鉄道は，旅客輸送密度（年平均輸送人キロ ÷ 営業キロ ÷ 365）が 4000 人/日未満の線区についてバス路線や第三セクター鉄道への転換を図った．その規模は 80 路線を超え 3000 km に及んだ．そして 1987 年，幹線鉄道と新幹線を主に地方大ブロック別の分割民営化が行われた．都市や郊外を主にする私鉄と競合する中，運行サービスの向上，近郊駅の増設，事業内容の効率化，不良資産の処分，沿線都市開発，民営分割 JR 各社による鉄道整備や経営努力，鉄道事業の合理化などが行われた．その結果，在来の鉄道は都市間だけでなく，都市地域の骨格交通としても欠かせない役割を果たしている．

しかし，最近になると，地方を主にして，さらなる人口減・高齢社会が進み，また自家用車との競合による公共交通の利用需要の減少は止まらない．あるいは，これに追い打ちをかけるように大規模自然災害による被害が続いている．これから，地方交通線の一部撤退，経営難，災害復旧困難による第三セクター鉄道の廃止，加えて地方部の私鉄やバス路線のサービス低下，不採算路線の廃止などと，公共交通はなおも困難に直面している．

とくに，日常生活，あるいは子供や高齢者，障害者，自動車運転免許非保持者などの移動困難者への対応は，地方都市の深刻な社会問題である．そこで，国は「地域公共交通の活性化および再生に関する法律」（公共交通法）の制定と改正を通じ，こうした問題に取り組んでいる．

地域公共交通機関に対する施策として，国の活性化・再生の基本方針を定め，都市では，関係事業者を含む協議会が設立され，地域公共交通計画がそれらに基づいて立案されている（図 7.7）．

その中では，「地域住民の日常生活の確保，活力ある都市活動の実現，観光交流の促進，環境負荷低減の基盤として地域公共交通の活性化と再生は欠かせない」とし，地域の状況に即して公共交通の確保を目指す施策を展開している（公共交通 1 条）．日常生活圏の範囲で地域の将来像や公共交通の役割を考え，5 年あるいは 10 年程度先の公共交通事業のあり方を検討する．具体的には次のような例がある．

- -

- 従来の公共交通サービスを最大限に活かす工夫が求められている．発生する交通空白域に対し，スクールバスや企業の送迎バスなどとの連携・補完を考える．それでも不

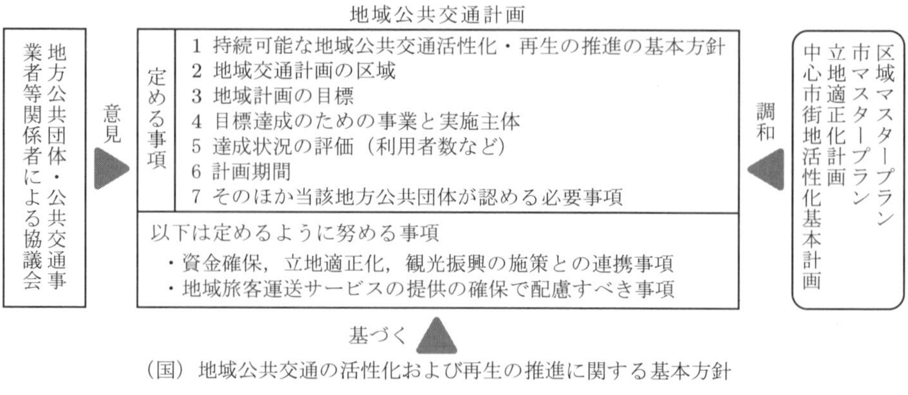

地域公共交通計画

| 地方公共団体・公共交通事業者等関係者による協議会 | 意見 | 定める事項 | 1　持続可能な地域公共交通活性化・再生の推進の基本方針
2　地域交通計画の区域
3　地域計画の目標
4　目標達成のための事業と実施主体
5　達成状況の評価（利用者数など）
6　計画期間
7　そのほか当該地方公共団体が認める必要事項 | 調和 | 区域マスタープラン　市町村マスタープラン　立地適正化計画　中心市街地活性化基本計画 |
| | | | 以下は定めるように努める事項
・資金確保，立地適正化，観光振興の施策との連携事項
・地域旅客運送サービスの提供の確保で配慮すべき事項 | | |

基づく ▲
（国）地域公共交通の活性化および再生の推進に関する基本方針

図 7.7　地域公共交通計画（公共交通 5 条）

十分なら，コミュニティバスなどを導入し，持続可能な地域旅客運送サービスを確保するとし，合わせて運転手の確保策が検討されている．

- 地域公共交通事業も，繋がりが悪く，運賃が高ければ意味がない．その改善のため，結節点での運行情報の提供，通し割引切符の導入，連携ダイヤの構築などが行われている．使いやすい公共交通機関を目指し，スマホアプリでトリップ単位の移動サービスを組み合わせた検索・予約・決済のMaaS（mobility as a service）や，IT技術の活用で二つ以上の交通機関利用の予約，料金支払を一括する新モビリティサービス事業がある．また，デュアルモードバス，無人運転のAI車の導入などもある．
- まちづくり，産業や観光振興に繋がる公共交通の利用，そのためのイベント開催，乗り継ぎ駐車場や駐輪場などの整備で，使い勝手の良い公共交通を目指す施策展開が検討されている．

公共交通のハード，ソフトのこうした努力が期待されるが，それでも油断すれば各都市で公共交通利用の縮小，空白域の拡大の恐れがある．しかし，高齢化が進むとともに，一定割合の交通困難者がいることをふまえれば，技術革新とともに公共交通の適切な維持が必要である．

▶7.4.2 鉄軌道系交通の計画

鉄道や軌道などの計画は，大量の交通需要を処理するための交通施設の導入，追加，改善などである（図7.8(a)）．その際の検討事項と手順は，需要に応じた公共交通機関導入の是非や改善，ルートの選定，駅の配置，各々の事業の可能性の検討などであり，基本的には鉄軌道系交通網のパターンと端末交通の計画に大別される．

（1）鉄軌道系交通網のパターン

都市が整備，発展すれば，鉄軌道の路線網の改良が求められる．図7.8(b)は，そのパターンを示す．比較的小規模な都市では，貫通型や都心への一点集中型の交通体系であるが，規模が大きな都市になるにつれて区域集中型，放射環状型の体系へと変わる．あるいは，ターナー型は中心市街地を複数の路線が並行して貫通する点で特色がある．大都市では1回の乗り換えで郊外各方面に行くことができるカウエル型への改良も考えられる．さらに，矩形市街地に対処するペターゼン型がある．

実際は，これらの基本タイプを参考にして需要に対応した都市交通の大動脈を検討するため，希望線図やスパイダーネットワーク図を用いている．

希望線図（図7.6(b)）は，OD表の起終点を交通量に応じた太さの直線で結ぶものである．スパイダーネットワーク図（図7.6(c)）は，

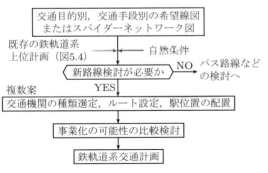

（a）鉄軌道系交通計画

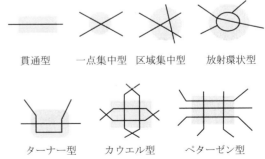

（b）鉄軌道網のさまざまなタイプ

図7.8　鉄軌道系の交通計画

OD 間を三角網で繋いだネットワークを示した図であり，交通の発生時間分布と移動速度をふまえたピーク時の交通流動を表している．

　これらの図を全交通 OD，目的別 OD，あるいは時間帯別 OD などさまざまに描き，都市圏域全体を眺めれば，図のように複数の骨格をなす交通流動が浮かび上がる．したがって，現在および将来の都市像のもとで互いに突き合わせれば，幹線交通の形成，鉄軌道系路線網検討の手掛かりを掴むことができる．

（2）端末交通の計画

　鉄軌道系は，一度敷設すればそのルートは固定される．このことから，都市の変遷に対し，より多くの集客を図るために駅などからの端末交通手段の工夫が必要である．徒歩以外に，自転車や自家用車により，あるいは，家族などが運転する車によるアクセスなどがある．さらには，バスや鉄軌道の乗り継ぎもある．このため，さまざまな手段別の端末交通需要を予測し，駅周辺で乗り継ぎシステムを構築することが望まれる．支線沿線の市街地展開状況に応じ，図 7.9 のフィーダーシステムを組み立てることも一つの方法である．市街地の展開に応じて，循環型，路線型，ピストン型などが考えられる．

▶7.4.3　バス網の計画

　都市交通における代表交通手段としてのバスの役割はさほど大きくなく，むしろ減少傾向で

ある．これは，自家用車との競合や道路混雑に巻き込まれやすいことが，運行サービスの低下に繋がり，それにより経営が悪化し，料金を上げるといった負の連鎖になりやすいことによる．

　しかし，バスは需要に対して弾力的に対処でき，市街地の変化にも簡単に応じられる．莫大な建設費は必要なく，走行可能な道路さえあれば路線の新設・変更は簡単である．また，公共交通に依存する移動制約者への配慮も可能である．これらから，鉄軌道系交通機関で対応できない地域や，旧市街の改造，郊外部の諸施設の展開に合わせたバス路線を設定し，まちや住宅地を支える公共交通としての役割が期待できる．

　都心と郊外を結ぶ放射路線では，利用者の便を図るために乗り換えを極力少なくし，直通運行することが重要である．しかし，図 7.10（a）のように，それらの路線は都心付近の幹線道路に集中し，交通混雑に拍車をかけ，団子運転や運行の遅延などとなるため，対処が必要である．

　つまり，その一つの方策は図 7.10（b）のゾーンバスシステムである．幹線バスと支線バスによるシステムの構築である．多車線道路でのバス優先レーンや専用レーンの設置，基幹バス（基幹的交通を担うバス路線）の導入，運行と位置情報を表示するバスロケーションシステムの活用がある．場合によっては，従来の都心への直接乗り入れを改め，乗り継ぎターミナルを介して幹線運行と支線運行に分離する運行サービス

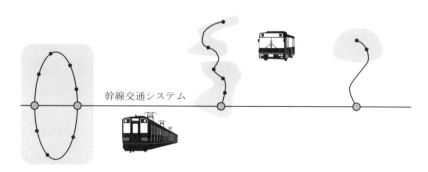

（a）循環型フィーダー　　　　（b）路線型フィーダー　　　（c）ピストン型フィーダー

図 7.9　幹線とフィーダーシステム

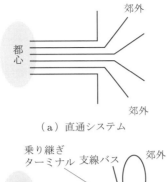

（a）直通システム

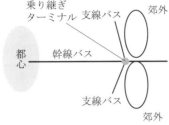

（b）ゾーンバスシステム

図 7.10　2 通りのバス路線システム

の改善も考えられる．

7.5　駅前広場とバスターミナル

▶7.5.1　駅前広場の整備

　都市施設の一つである公共空間としての駅前広場は（都計 11 条第 1 項），全国で 2939 箇所（2022 年）がある．この駅前広場は，鉄道利用のための乗り継ぎだけを目的にするものから，

都市の玄関口や交通拠点，観光拠点の役割を担うもの，駅施設，広場，さらに周辺地域が一体になり，都市の広域拠点，副都心または都心をなすものまで多彩である．

　小規模な鉄道駅では，駅施設，乗り継ぎ施設，駅前通りがある中の一つの施設として，駅乗降人員に基づいて駅前広場の所要規模とすることができる．しかし，大規模な駅になれば，乗降以外でも多くの人々が集中し，都市の重要拠点地区としての整備やさまざまな都市機能の導入が求められる．こうなれば，駅を核にしたまちづくりである．

　そうした中で，今後の人口減に対処する都市のあり方の問題は，5.4 節の立地適正化計画で指摘したように，駅周辺整備事業とその利活用である．駅地区の周辺幹線道路と一体になり，交通を処理し，生活利便施設を含めて円滑な乗り継ぎを図る駅前広場地域の整備が期待され，適切な維持が望まれている．

　図 7.11 は，副都心をなす大規模駅の駅地区の例である．広場には，都市の幹線道路が外郭をなして囲み，車道，バスターミナルやタクシーの利用スペース，回遊路，駐車・駐輪場，緑化・緑地，修景などの環境施設，イベント広場，地下街などが導入され，地下鉄 2 路線の乗り入れもある．駅部は，駅施設およびホームに加え，

屋上庭園，展望台	
10F 〜 3F	商業施設，飲食店街，会議室，バスターミナルなど
2F	回遊路，駅ホーム，通路など
地表	駅広，駅コンコース，駅改札，商業施設，連絡通路
B1	地下街，地下鉄コンコース A
B2	駐輪場，駐車場
B3	駐車場，地下鉄ホーム A
B4	地下鉄コンコース B
B5	地下鉄ホーム B

図 7.11　イベント広場をもつ駅前広場の例（福岡市博多駅）

その上空および地下，鉄道高架下を利用して大規模な商業・業務施設，地下商店街，駐輪場などに供されている．

▶7.5.2　バスターミナルなどの計画

7.2.1 項に述べたように，都市活動を支える交通手段としてもっともよく使われるのが自動車である．このため，都市活動を支える重要な交通基盤として，各都市の道路交通施設や鉄道駅との結節を効果的・効率的に整備するために多大な努力が払われている．その抜本的な施策の一つが，自動車の走行を主にする道路と，その乗降・荷捌のための路外駐車施設による都市道路交通システムを整えることである．

つまり，都市計画の立場からいえば，バスなどの利便性を図るとともに，道路交通の円滑化や危険防止を図り，交通を体系化することが重要である．このため，路外駐車場とともに，乗合自動車運送業のためのバスターミナルや自動車運送事業のためのトラックターミナルの整備による交通の効率化や安全策の推進が強く求められる．

バスターミナルは，鉄軌道系交通とバス網との乗り継ぎ，市内バスと郊外・都市間バス，観光バスと市内交通との中継，および自家用車とバスとの中継に適した位置に配置される．バス交通需要の変化点，交通手段の切り替え箇所などにおいて，土地利用や市街地の状況，交通網を考慮し，ターミナルは位置が定まる．

バスターミナルの具体的な計画は，バス発着における乗降スペースとしてのバースの数が基本である．たとえば，市内バスと長距離バスの結節のためのバスターミナルは，バス需要とその路線設定に伴うターミナル利用運行台数を推測し，これにピーク率を掛けてピーク時運行台数を求める．これから，

$$所要バース数 = \frac{ピーク時運行台数}{1 バースあたり時間処理台数}$$

と求められ，計画の基本となる．処理台数は，利用需要にもよるが，市内バス 12 台/時，長距離バス 4〜6 台/時である．

一方，トラックターミナルは，交通機関相互の中継輸送の効率化，市内道路交通の渋滞解消，交通公害への対応を目的に設置されることが多い．流通業務地区のターミナルもその例である（6.7.2 項）．末端の小口輸送と，それらを集約した都市間輸送，海外輸送を繋ぐものとして計画され，大都市では高速道路のインターチェンジ付近や鉄道貨物駅，港湾，空港周辺に配される例が多い．

7.6　都市の道路網の計画

▶7.6.1　道路の機能と種類

都市部（市街地）の道を"街路"と称し，それ以外の道を"道路"とよぶ習わしがある．これは，市街地の道が農山村などの道路に比べてさまざまな機能をもつことによる．

しかし，都計法上では，都計 11 条第 1 項の"道路"は，道路，街路の総称であり，厳格な使い分けはない．この点をふまえ，都市における道路の機能を一覧にすれば，表 7.3 のとおりである．

道路には，大まかに交通機能，空間機能，市街地形成機能の三つの機能がある．交通機能は本来の道路の役割である．人，モノの移動に寄与するトラフィック機能と，沿道の建物などに出入りするアクセス機能に区分される．図 7.12 はそれらに関して道路の種別との関係を示す．自動車専用道路から区画街路になるに従って通過車処理の能力は小さくなり，逆に沿道地区へアクセスする機能がより強くなる．

空間機能は，都市の環境形成とともに，さまざまな交通施設や公益施設，付属施設を収容し，避難路や延焼防止に寄与することである．

表 7.3 都市道路のさまざまな機能

都市の道路の役割		具体的な内容
交通機能	トラフィック機能	人の交通，モノの輸送のためのさまざまな役割
	アクセス機能	沿道地区へのアプローチ，出入り，貨物の積卸しなど
空間機能	環境形成，保全	都市環境（採光，通風，景観など）の形成と保全
	都市施設の収容空間	鉄軌道，バスなどの公共交通の収容空間 供給処理，情報通信施設などの収容空間 交通信号，休憩施設，電柱などの道路付属施設収容
	まちの賑わい空間	人々の溜まり，イベント，休憩，市場などの空間
	防災空間	避難路，延焼防止，救援活動などの空間確保
市街地形成機能	都市軸の展開	都市構造の骨格の形成，都市展開への寄与
	土地利用誘導	土地利用の誘導や高度化，まち並みの形成
	街区形成機能	街区を構成し，日常生活空間の形成

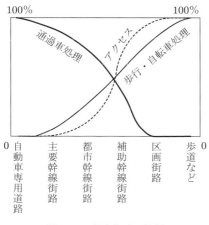

図 7.12 都市街路の役割

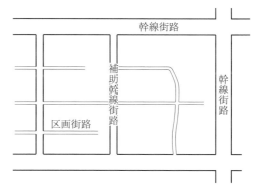

図 7.13 地区・街区の街路網

市街地形成機能は，都市軸やまち並みを形成し，土地利用や都市空間を秩序あるものにする役割である（図 7.13）.

都市の道路は，こうした機能を果たすため，表 7.4 のように内容に応じた種類に分けられる．都市高速道路などの自動車専用道路と主要幹線街路，都市幹線街路は都市の外郭および骨格を形成する．加えて補助幹線街路，区画街路があり，地区や街区を取り囲む．また，歩行者道，自転車道，緑道などの身近な街路や，路面電車道やシンボル道路などの特殊街路もある．

▶ 7.6.2 市街地の街路網の整備

（1）幹線街路網の形成

都市の骨格は，自動車専用道路，主要幹線街路，都市幹線街路を合わせた街路網であり，都市構造によりそのパターンが異なる．一点集中型の都市では，都心を中心にした放射型の網構成が主で，都市規模が大きくなるにつれて環状道路が加わり，放射環状型となる．小都市では，一本の貫通道路と，それに平行する道路による梯子型街路網やその拡大があり，大都市や計画都市では本格的な格子型街路網になる傾向がある．

こうした道路網は，多分に部分的で，現実は

表 7.4　都市計画道路の種類と幅員

（a）都市計画道路の区分

区分	道路の種別		定　義
1	自動車専用道路		専ら自動車交通に供する道路
3	幹線街路	主要幹線街路	都市の拠点間を繋ぐ道路
		都市幹線街路	都市内各地区，主要施設間を結ぶ道路
		補助幹線街路	上記幹線道路に囲まれる区域の交通発生，集中に対処する道路
7	区画街路		幹線道路などに囲まれた区域内の生活道路
8	特殊街路	歩行者道など	歩行者，自転車などのための道路
9		モノレール専用道	モノレールなど付設のための道路
10		路面電車道	路面電車を有する道路

（b）道路の幅員

区分	道路幅員
1	40 m 以上
2	30〜40 m 未満
3	22 - 30 m 未満
4	16〜22 m 未満
5	12〜16 m 未満
6	8〜12 m 未満
7	8 m 未満

注）区分番号は文献3）の都市計画運用指針に基づく．

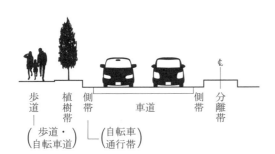

図 7.14　都市幹線街路のイメージ図と写真（幅員 24〜36 m）

地形や土地利用，歴史的な都市の形成過程の影響を受け，さまざまな街路網が地域やブロックそれぞれに設定され，それらを繋ぐものである．このためボトルネックが生じ，外郭的なバイパスや周回道路が必要なことも多い．

（2）市街地における街路網の間隔

市街地の街路網の計画は，おおむね3段階に分けられる（図 7.13 参照）．

まずは公共交通網とともに，総合交通体系における骨格道路網の検討をふまえ，都市構造と主要な活動地域や拠点間相互の繋がり，あるいは，市街地，地区などのまとまりに対する骨格として主要・都市幹線街路網（図 7.14）を計画することである．その際の網間隔に基準はない．参考までに例を示せば，都心部 300〜500 m，住宅地 1000 m 程度である．幹線街路相互や鉄道との交差は平面を極力避けて立体化し，食い違いや多肢交差は避けることが望ましい．

次に，上記街路網において，必要に応じて都市幹線街路と諸地区の区画街路を繋ぐ補助幹線街路を加える．地域地区と突き合わせ，都心部で 100〜300 m，住宅地でおよそ 500 m 間隔であり，また，園児や小学生の通学などのためのバス交通への配慮が求められる．

そして最後は，末端の区画街路（図 7.15），アプローチ，緑道などである．これらは街区や

図 7.15　区画街路

住宅街を成し，30〜100 m 間隔で，建物などへのアクセスを重視し，通過交通を排除することが望ましい．たとえば，図 7.13 に示すように，必要に応じて行き止まりやグルドサック（突き当たりで U ターン可能な通り抜けできない道路）の導入を計画することもある．

土地利用との観点でいえば，商業系地区では自動車の交通量の発生や集中が多く，格子状構成の街路網となる．工業系地区では敷地が大きいことから街路網は疎になるが，大型車の出入りが多く，円滑かつ安全への配慮が必要である．

なお，街路は都市計画決定が必要であるが，そうした街路は都市計画図に "3.3.166 千早水谷線" などと表記されている（図 6.1（b）参照）．最初の三つの数字は，道路の種類の区分番号，規模（幅員）の区分番号，路線番号である（表7.4 参照）．続く文字表記は，起点・終点の地名または路線名である．

（3）敷地と道路との関係

区画街路などの留意点は，建築物の敷地が道路との間で直接接することである．

つまり，都計区域および準都計区域内の道路と建築物との関係には，歩行，自家用車などだけでなく救急車や消防車の出入りを含めての道路の定義，および道路と敷地の接道のあり方に関して一定の要件が求められる．詳細は省略し，原則のみ述べれば，公道（自動車専用道路，道路建物一体の高架道路区域を除く）で，幅員4 m 以上（特定行政庁が指定したときは 6 m以上）が道路とみなされる（建基 42 条）．そのうえで，建築物の敷地はそうした道路に 2 m以上接しなければならないとされ，これを**接道条件**という（建基 43 条第 1 項）．幅員が 4 m（または 6 m）に満たない場合は，建物を建てる際にセットバックして対処しなければならない（建基 43 条第 2 項）．

▶7.6.3 道路の設計と立体道路など
（1）都市道路の技術基準

道路構造の技術基準は，**道路構造令**とそれをふまえた都道府県道や市町村道に関する条例に定められ（道路 30 条），都計道路もそれらに基づく[12]．

全国の公共用の道路を地方部と都市部に分け，それぞれをさらに高速道路などの自動車専用道路とその他とすれば，設計のうえで道路は4 区分され，都市部の自動車専用道路は第二種，それ以外の都市道路は第四種として設計される（表 7.5（a））．地方部に比べて車の設計速度は抑えられるが，広幅員の歩道や自転車道，植樹帯，右折レーンなどが設置される（図 7.5（b））．

（2）立体道路制度

土地の所有権は，法令の制限内において，その土地の上下に及び（民法 207 条），道路にも

表 7.5　道路構造令による道路の種類と設計区分

（a）設計区分

地域＼道路の種類	地方部	都市部
高速自動車国道 自動車専用道路	一種	二種
その他の道路	三種	四種

（b）等級

区分	等級	設計速度 km/h	高速自動車国道	自動車専用道路	一般国道	都道府県道	市町村道
二種	1 級	80（60）	○	○			
	2 級	60（50 又は 40）		○			
四種	1 級	60（50 又は 40）			○	○	○
	2 級	60, 50, 40（30）			○	○	○
	3 級	50, 40, 30（20）				○	○
	4 級	40, 30, 20					○
自転車道，歩行者専用道等						○	○

注）カッコ内は地形等でやむをえない場合．

当てはまる．このため，道路区域に突き出して，または区域内に建築物などは建てられない．しかし，まちに出かければ，電柱や露店，水道管，地下街，鉄道などとさまざまなものが道路区域の上下にある．これは，道路区域の占用許可制度と，立体道路制度に基づいている．

　道路区域の占用許可制度（道路 32 条，同施行令 9 条）は，場所と期間を定め，道路管理者の許可を得て設けるもので，期間を過ぎればもとに復旧させる制度である．したがって，長期に及ぶ施設は，不便だが繰り返し申請・許可が必要である．

　立体道路制度は，建築物を貫通する道路などで用いられている道路の立体的区域に関する制度で，以下の道路法，都計法および都市再生法，建基法，都市再開発法の各法の定めによる．

----

① 道路区域を空間または地下について上下の範囲を定めた立体的とすることができる（道路 47 条の十七）．
② 地区整備計画，都市再生特別地区において，道路区域内の上空，路面下の道路と建築物の一体整備を図る道路，建物の区域を定めることができる（都計 12 条の十一，都市再生 36 条の二）．
③ 立体道路区域内における建築物の建築制限

の緩和ができる（建基 44 条第 1 項三号）．
④ 地区計画の区域で，都計 12 条の十一により建築物等敷地として合わせて利用すべき区域が定められた区域内の第一種市街地開発事業その他については，事業計画で施設建築敷地の上の空間または地下に道路を設置し，または施設建築敷地の道路部分を定めることができる（都市再開発 109 条の二，同施行令 43 条の二）．

　つまり，これらを組み合わせて道路区域の上下空間を定め，それ以外は道路区域ではないとして，建築物などを建築できる．このことは，道路の占用物件とは異なる考えである（図 7.16 参照）．

　具体的な事例としては，東京都港区の環状 2 号線のように都市高速道路が突き抜ける建物（虎ノ門ヒルズ），北九州市モノレール小倉停留所のようにモノレール道一体の駅ビルがある．これら以外にも，自由通路を付設した鉄道駅ビル，道路下の地下街や建物が繋がる建造物やビル型路外駐車場がある．あるいは，高速道路や自動車専用道路から弧を描いて自動車が出入りする道路建物一体のサービスエリアやパーキングエリアがある．いずれも，土地取得が難しい都市で重要道路が長期間未整備であることを解

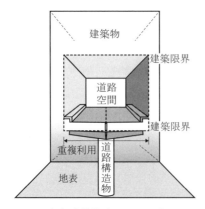

（a）立体道路のイメージ

（b）モノレール道と小倉駅ビルの一体建物

図 7.16　立体道路

消し，道路，建物などの都市施設の整備や都市活動の利便性を高めている．

なお，道路一体建物は，その所有者と協議が成立したとき，道路管理者は，当該道路の新設，改築，維持，修繕，災害復旧に関して協定を結び，管理することができる（道路47条の十八）．

▶7.6.4 駐車場

駐車は，「客待ち，荷待ち，貨物の積卸し，故障その他の理由により継続的に停止すること，または車両等が停止し，かつ当該車両等の運転をする者がその車両等を離れて直ちに運転することができない状態」である．その際，5分を超えない時間内の貨物の積卸しによる停止，人の乗降の停止は除かれる（道路交通2条第1項十八号）．停車は，駐車以外のものである（道路交通2条第1項十九号）．

（1）一般公共用駐車場

道路は交通処理が本来の役割であり，駐車利用は望ましくない．このためさまざまな工夫がある（表7.6）．これに基づけば，駐車は一般公共用かそうでないか，また路上か路外かに分けられる．その中で路上駐車は暫定措置であり，路外駐車場の整備が進めば廃止される前提である．このことから一般利用が可能な一般公共用に3タイプの路外駐車場があり，整備が進む．

① 都市計画で都市施設として定められる都市計画駐車場
② 都計区域内で，500 m² 以上の規模の有料の駐車場として都道府県知事に届け出て営業する届出駐車場
③ 都市などの市街地で一定以上の規模の建物を新増設する際に附置しなければならないことを条例に定めた公開利用の附置義務駐車場

（2）駐車場整備地区と駐車場整備計画

都心およびその周辺では，駐車場不足による路上駐車が交通を阻害し，また交通事故を引き起こし，都市活動の低下を招く恐れがある．そこで，都市計画に際して計画的な駐車場対策が必要であり，用途地域の住居系3地域，商業系2地域および準工のうち，自動車交通が輻輳する地区やその周辺で，駐車場整備地区を都市計画に定めることができる（都計8条第1項八号，駐車場3条）．

駐車場整備地区が定められると，市町村は駐車場整備計画を策定する（駐車場4条）．その内容は，基本方針，目標年次および目標量，駐車場整備施策，配置と規模などである．

ゾーンごとの自動車交通の発着量を予測し，

表7.6　駐車場の分類

目的		駐車場の分類	関係法
一般公共用	路上駐車	時間制限駐車区間（パーキングメータなど） 高齢者等専用時間制限駐車区間	道路交通法 道路交通法
		駐車場整備計画による路上駐車場など その他の路上駐車区間	駐車場法 道路法
	路外駐車場	都市計画駐車場 届出駐車場（都計区域内，500 m² 以上，有料） 附置義務駐車場施設（一般公共用） その他の路外駐車施設	都計法，駐車場法 駐車場法 駐車場法 駐車場法
一般公共用でない		専用駐車場 車庫（保管場所） 附置義務駐車場施設（一般公共用でない）	― 車庫保管法 駐車場法

駐車需要を把握する．一方で，駐車の実態調査を行い，駐車場整備地区，附置義務駐車場条例の内容などを検討する．そのうえで都市計画駐車場などの分担需要量を明らかにすれば，駐車場整備に関して配置，規模，アクセスなどの計画が可能になる．

▶7.6.5　自転車の通行帯

都市では，鉄道駅からの端末交通，トリップが短い通学や日常の買物，配達や私用などの手軽な交通手段に自転車（自転車および原動機付き自転車）がよく利用される．自転車は，コンパクトなまちづくりに望ましい交通手段である．

しかし，車道での自動車との接触，歩道での歩行者に対する追突などの事故が絶えない．

これは，自転車道がない道路では自転車は軽車両の扱いで，自転車利用のための空間として車道走行が求められる一方，通行が認められているときや押して歩くときなどの安全上やむをえない場合は歩行者扱いとされることと関係がある．あるいは，同じ道路でも歩・車の分離さえできない狭い区間が残るところと，そうでないところが混じる混乱とも考えられる．

換言すれば，自転車通行が，あいまいかつ複雑な個人判断により，場所や時間帯，身体状態，交通状態，道路の整備状況などから，複雑な交通ルールを適宜判断し，時に車道，時に歩道を走行せざるをえないことに問題の本質がある．

こうした自転車利用の課題解決には，道路空間の整備に際し，自転車などの利用空間を適正に位置づけ整備することが重要である．理想的には，自転車のための専用通行空間の確保が望ましい．そこで，道路法と道路構造令，道路交通法，および自転車道の整備などに関する法律を突き合わせ，「安全で快適な自転車利用環境創出ガイドライン」（国土交通省道路局・警察庁交通局）が作成されている．

自転車通行空間の確保にはさまざまな工夫があ

るが，基本は二つのタイプである．一つは，交通量が多く，車の走行速度が高い道路区間で，危険を避けるための自転車道を，道路の両サイドに導入することである．場合によっては，独立した自転専用車道路の整備がある．

もう一つは十分な幅が取れない道路においての自転車通行帯（路面マークで表示するもの）の併設である．交通量が少なく，万一の場合に車の徐行運転が可能な道でやむをえず車道に，または歩道に挿入される場合（図7.17）が考えられる．

図7.17　広幅員歩道の歩行者，自転車の通行帯

これらは自転車による交通ネットワークに対処するものでなければならないが，自転車通行を計画し，形成する手順を示せば図7.18の右図のとおりである．

- 総合交通体系調査データから，自転車その他類するもの（以下，自転車という）による移動交通の代表，端末のすべてを拾い上げてその起終点の主な施設を明らかにする．
- 自転車交通ネットワークの検討エリアで，主な自転車の路線と道路の幅員などをふまえ，そこに求められる自転車道のタイプを選ぶ．幅員2m以上の自転車道，1.5m以上の自転車通行帯などが望ましいが，やむをえずそれ以下になることもある．
- エリアのブロック分割と整備の優先順位を検討すれば，順位の高いブロックから整備

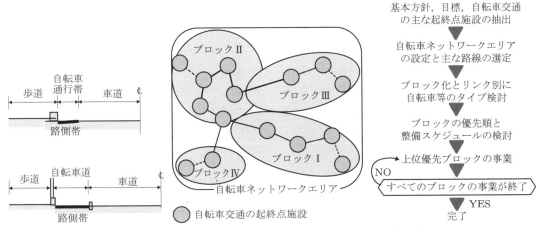

図 7.18　自転車道と自転車ネットワークの展開の基本的な考え方

することができる.

- -

　上述はより安全な自転車利用環境の改善に繋がるが, 自転車交通のあいまいさの完全解消は簡単なことでない. これは, 自転車交通が社会情勢, 他の交通手段の整備動向, 都市機能の内容や配置の変遷に強く影響を受けることによる.

　また, 交差点やバス停, 歩道橋, 植樹帯, 駐車場, 駐輪場, 街灯などとの関係を調整しての設置となり, あるいは電動アシスト自転車や電動シニアカーなどの普及などと交通技術の革新を見届けながら整備を段階的に推進することによる複雑さがある. これらから, 自転車交通の展開に応じてスパイラルアップする PDCA (4.4 節参照) により, 自転車道網を整備することが大切である.

▶7.6.6　都市の歩行空間の整備

(1) 歩道等の幅員

　都市の道路 (第四種) は, 高齢者・身体障害者を含む住民や来訪者による活動において, 安全かつ適切な歩行空間の整備が必要である. すなわち, 特定の場合を除いて車道と分け, 歩道や自転車歩行者道 (以下, 歩道等という) の確保である. それには, 表 7.7 の道路構造令の規定をふまえて歩道等が整備されているが, 歩行者等の交通量と地形などを考慮して道路の両サイドに歩道等の幅員を定めることである (道路構造令 11 条). そのうえで, 歩道等に関わる横断歩道やバス停などがある場合はそれぞれに応じた幅を加え, 歩行者の滞留への対処が求められる. また, 積雪地帯では除雪に配慮が必要である.

(2) 歩行者利便増進道路の制度[13]

　まちなかの道路について留意することは, その利用が自動車や歩行者などの往来だけでないことである. それらさまざまな通行の妨げにならないよう工夫し, 人々が集い, イベントや祭り, 市場, 団らんなどによる賑わいの空間としての活用も望まれ, そのための占用物件が道路

表 7.7　道路構造令による歩道などの幅員に関する規定

歩道など ＼ 歩行者交通量	多いとき	その他	備　考
自転車歩行者道	4 m 以上	3 m 以上	地形の状況その他の特別の理由
歩　道	3.5 m 以上	2 m 以上	があるときはこの限りでない

（a）ビルバオ（スペイン）のメインストリート

（b）ミュンヘン（ドイツ）のまち中のフルモール

図7.19　人が楽しむまちなかの歩行空間

に求められる．ある意味，まちなかは人が主体であり，それゆえの道路であり，従来からも占用許可の対象とされてきた．

　しかし，問題はまちなかの貴重な空間として道路の効果的活用が十分でないことである．祭りのときなど短期間の場合や屋台などの小規模で移動可能なものはともかく，ある程度の場所を日常的に占めるとなれば限定的で，欧米に比べて劣る印象がある（図7.19参照）．これは，細街路が多い中，道路が車交通中心の利用であることによる．

　こうしたことからわが国でも，近年の都市再生や国家戦略の中で上記の趣旨に沿う道路活用の社会実験が重ねられてきた．そしてその成果から，2020年の道路法改正で"歩行者利便増進道路"の制度が導入された．

　これは，「歩行者の安全・円滑な通行と利便を増進し，快適な生活環境の確保及び地域の活力創造のため，歩行者の滞留空間を確保し，および歩行者利便増進施設等の適正かつ計画的設置を誘導することがとくに必要と認められる道路について，区間を定め，歩行者利便増進道路として指定する」制度である（道路48条の二十第1項）．"ほこみち"という愛称が使われている（図7.20）．つまり，その構造基準は，歩行者の安全かつ円滑な交通及び利便の増進が

図7.20　歩行者利便増進道路（ほこみち）

図られることである（道路48条の二十一）．

　本制度の特徴は，一つは占用物件の対象となる歩行者利便増進施設などが充実していることである．主なものをあげれば次のとおりである（道路33条第2項三号，同施行令16条の二）．

- 景観・風致に寄与する広告塔・看板
- 歩行者利便増進のベンチ・街灯その他
- 歩行者利便増進に資する標識，幕，アーチ，および食事施設や購買施設その他
- レンタサイクル用の自転車駐車器具
- 集会・展示会その他および歩行者利便増進の広告塔，露店・商品置き場，看板・旗竿，幕・アーチなど

　もう一つの特徴は，歩行者利便増進施設の道路占用物件に関して公募によって認定し，最長の占用期間を20年に延ばしたことである．通

常の占用期間の 5 年以内，あるいは公益物件の 10 年以内からすれば，思い切った措置である（道路 48 条の二十三第 4 項）．10.4.2 項の中心市街地活性化，14.7 節のバリアフリー化とともに，まちなか歩行空間の質的向上に向けて投資が可能であり，賑わいの都市づくりが期待できる．

第 8 章

都市緑地計画と公園計画

人工物の多い都市において，緑地などは快適でゆとりある環境都市の実現に大切である．本章では，その緑地などの機能や役割を考えるとともに，緑地・緑化および都市公園に大別して，各々における計画の意義やあり方について説明する．

8.1 都市の緑地とは

都市活動の効率化，生活の利便性の向上だけを目的に都市を整備すれば，緑地や緑，公園や広場などが不足し，潤いのないまちになる恐れがある．事実，近年の都市では地価の高騰から戸建て住宅の庭や緑が無機質な建物に変わり，周りもアスファルトやコンクリートで埋め尽くされる状況である．農家の後継者難から都市の内外における田畑や山林，水辺が減少し，子供の遊場であった寺社の境内（図 8.1）や鎮守の森の維持が難しくなりつつある．

これらに加え，都市の深刻な問題は，景気の低迷と人口減に伴い，市街地の荒れた空き地や空き家が増えていることである．

頻発する大規模災害では，広い範囲に及ぶ宅地や田畑の被害，みるに堪えない崩壊地があり，復興に苦しむ都市も少なくない．そしてもう一

図 8.1　まちなかで受け継がれてきた緑豊かな寺の境内（真清田神社）

つ，国際化が進む中で海外からの人やモノの流出入が活発であることに伴い，外来生物が持ち込まれて定着する問題がある．繁殖力の強い外来生物は地域の多様な生態系に悪影響を与えるものもあり，駆除が求められる．

つまり，現代の都市は緑地や広場などに関して量と質の双方にわたる問題を抱え，市街地を建物と空き地が覆い尽くしているという状態といえる．しかし，都市の緑地や広場などを広義

表 8.1　都市のオープンスペース

分　類		事　例
公共型		公園・緑地，広場・運動場，霊園，その他
その他	自然型	水面・河川・湖沼・水路，水辺・海浜・海岸・湖畔　山林・原野・岩石地，里山，農地・牧草地，その他
	公開型	寺社境内・墓地，公共公益施設緑地，遊園地，その他
	共用型	共同住宅緑地・工場緑地，学校・企業保養施設の緑地など
	専用型	林業試験場・農業試験場，その他

に捉えれば，表8.1に示すように，河川，湖沼などの開放空間，里山や農地，樹林地が見受けられる．公共型とその他に大別され，後者はさらに自然型，公開型，共用型，専用型に細分される．

都市緑地法（都緑法）で，緑地とは「樹林地，草地，水辺地，岩石地もしくはその状況がこれらに類する土地（農地を含む）が単独もしくは一体になり，またはこれらに隣接する土地が一体になり，良好な自然的環境を形成しているもの」と定義されている（都緑法3条）．

都市やその周辺地域に関わるこうした緑地に，後述の生産緑地や風致地区，都市公園を含めたものを，ここでは都市のオープンスペースと総称する．都市のオープンスペースが果たす役割には，存在機能と利用機能がある．

存在機能は，都市空間の秩序形成（市街地の誘導・規制，土地利用の分離など），良好な環境の維持（ゆとり空間，大気の浄化，近隣騒音への対応，日照・風通しなど）であり，災害や公害防止である．

利用機能は，健康増進や散策・休憩，心身のリフレッシュ，子育て・教育，サイクリングや野外スポーツ，屋外イベントや祭りなどに利用するなどがある．防災拠点，緊急時の避難場所や避難路としての利用もある．

これらを考え合わせると，都市のオープンスペースは良好かつ安全な都市の形成に欠かせない．豊かな自然環境に恵まれる快適な都市へと転換して維持するために，緑地や広場などを適切に配し，都市の整備・維持・管理が大切である．

8.2　緑地の保全と緑化の推進[14]

▶8.2.1　緑の基本計画

都緑法4条第1項には，「都市における緑地の適正な保全及び緑化の推進に関する措置で，主として都計区域内で講ぜられるものを，総合的かつ計画的に実施するため，"緑地の保全及び緑化の推進に関する基本計画"を定めることができる」とある．これは一般に「緑の基本計画」とよばれ，市町村が定めるものであり，表8.2はその内容である．この計画は，環境基本計画，景観計画と調和し，市町村マスタープラン，立地適正化計画などに適合させて，緑地保全と緑化施策を推進するものである．

表8.2　緑の基本計画（都緑4条第2項）

一　緑地保全および緑化の目標
二　緑地保全および緑化のための施策
三　地方公共団体設置の都市公園の整備・管理の方針その他緑地保全および緑化推進方針
四　特別緑地保全地区内の緑地保全
五　生産緑地地区内の緑地保全
六　緑地保全地域，特別緑地保全地区，生産緑地地区以外で重点的に緑地保全を配慮すべき地区の緑地保全
七　緑化地域の緑化の推進
八　緑化地域以外の区域で重点的に緑化を配慮する緑化重点地区の緑化推進

緑の基本計画にはさまざまな地域地区の提案がある．整理すれば二つに大別され，一つは緑地保全地域，特別緑地保全地区，緑化地域および生産緑地地区である（表8.3）．これらは都緑法および生産緑地法に定められるとともに，都計8条第1項十二号，十四号の地域地区でもある．

もう一つは，緑の基本計画において検討される保全配慮地区と緑化重点地区，緑地協定および市民緑地である．緑地法独自の定めや協定などで，前述の地域地区の内容を補うものである．

なお，類するものに都計法の風致を享受する風致公園（特殊公園），市民農園整備促進法の市民農園などがあるが，いずれにしても，こうした地域地区などの検討では，生物の多様性にも配慮する必要がある．

表8.3 都市計画に定める都緑地法などに関する地域地区

都計法	名称	地域地区の定義	関係法
8条第1項 十二号	緑地保全 地域	都計区域および準統計区域内の相当規模の土地の区域 で緑地を保全する地域	都緑5条
同	特別緑地 保全地区	都計区域内の緑地で一定の条件に該当して緑地を保全 する地区	都緑12条
同	緑化地域	都計区域内の用途地域の区域で緑地が不足し，緑化を 推進する区域	都緑34条
8条第1項 十四号	生産緑地 地区	市街化区域内の農地等で一団の区域に農地を保全する 地区	生産緑地 3条第1項

▶8.2.2 都市緑地法の地域地区など

（1）緑地保全地域（都緑5〜11条）

緑地保全地域は，都計区域等の緑地で，次の
いずれかに該当するものであるが，その規模は
さまざまである．

----

① 無秩序な市街地の拡大または公害・災害の
　 防止のため適正に保全する必要があるもの
② 地域住民の健全な生活環境を適正に保全す
　 る必要があるもの

都市計画に緑地保全地域が定められた場合，
緑地保全計画の策定が必要である．その一つの
事項は，建築物の建築や宅地造成などの土地の
形質の変更，木竹の伐採，水面の埋め立ての規
制または措置の基準である．これらの行為は，
都道府県知事（市の区域内にあっては当該市）
に届け出なければならない．

二つ目は，緑地保全に必要な施設整備および
管理協定に基づく緑地管理，市民緑地契約に基
づく緑地管理に関して必要な内容を計画に定め
ることである．

（2）特別緑地保全地区（都緑12〜19条）

都計区域内の緑地で，とくに良好な緑地環境
を有する区域を保全するため，以下のいずれか
に該当する土地の区域について特別緑地保全地
区が定められる（図8.2参照）．

----

① 無秩序な市街地化の防止，公害・災害防止
　 のために必要な遮断，緩衝，避難地帯とし
　 て，適切な位置，規模および形態を有する
　 もの
② 神社，寺院などの建造物，遺跡などが一体
　 になり，あるいは伝承もしくは風俗・慣習
　 と結びつき，その地域で伝統的または文化
　 的意義を有するもの

図8.2 第一種，第二種住居地域の背後の特別緑地保全地区

③　風致または景観に優れ，あるいは動植物の生息地として適正に保存が必要であり，かつ地域住民の健全な生活環境に必要なもの

特別緑地保全地区では，前述の緑地保全地域で述べた同じ行為に対する規制があるが，知事などへの届出でなく，許可を受けなければならない．

つまり，特別緑地保全地区に指定され，前述の当該行為が，緑地の保全上支障があると認められるとき，知事は許可をしてはならず，このための損失補償や買入制度がある（都緑計14，16，17条）．なお，類する風致地区（8.3.1項）にはこの点の定めがなく，受忍義務とされている．

さらに，必要と認められる場合，地方公共団体または緑地保全・緑化推進法人（都緑69条）は，（1）および（2）の緑地保全地域または特別緑地保全地区の区域内における緑地の保全のために**管理協定**を結び，緑地を管理することができる（都緑24条）．

都市緑地法（1973）と同様の主旨で，先んじて首都圏では"首都圏近郊緑地保全法（1966）"，近畿圏では"近畿圏保全区域の整備に関する法律（1967）"が制定された．これらでは，**近郊緑地保全区域**を国土交通大臣が指定でき，また各々の近郊緑地保全区域内において，**近郊緑地特別保存地区**を都市計画に定めることができる．

（3）緑化地域（都緑34条）

緑化地域は，「都計区域内の用途地域内において，良好な都市環境の形成に必要な緑地が不足し，建築物の敷地内で緑化の推進が必要な区域」である．

本地域内では，一定規模（原則 1000 m²）以上の建築物を建築するとき，最低限度として 25％を超えない範囲で緑化率（建築物の敷地面積に対する緑化施設の面積割合）を定めるこ

とができる．

（4）生産緑地地区（生産緑地 1，3 条）

生産緑地地区は，地域地区の一つで，市街化区域内にある農地等である．農林漁業との調整を図りつつ，良好な都市環境を形成するため，以下の 3 条件に該当する区域に定めることができる．

----

①　公害・災害の防止，農林漁業との調和など，良好な生活環境の確保に効用があり，かつ公共施設などの敷地に供する土地として適していること

②　500 m² 以上の規模の区域であること（公共空地（公園や緑地など）の整備や土地利用の状況から，必要な場合，500 m² を 300 m² まで引き下げができる）

③　用排水の状況を勘案し，農林漁業の継続が可能な条件を備えていること

生産緑地地区の都市計画の案は，当該地区内の農地等利害関係人の同意が必要である．また，「当該生産緑地地区に係る農地等及びその周辺地域における幹線街路，下水道等の主要な都市施設整備に支障がないようにし，かつ，当該都市計画区域内における土地利用の動向，人口及び産業の将来の見通しなどを勘案し，合理的な土地利用に支障を及ぼさないようにしなければならない」とされている．

▶8.2.3　保全配慮地区と緑化重点地区

保全配慮地区は，前項の(1)，(2)および(4)以外の区域で，重点的に緑地の保全を配慮する地区である（都緑4条第2項六号）．風致景観や自然の生態を保全する地区であり，市民が自然と触れ合う場，自然体験の場などとして利用し，緑地保全や緑化推進を促すものである．

一方，**緑化重点地区**は，図8.3のように，緑化地域以外の区域で，重点的に緑化の推進を図

図 8.3 緑化重点地区

表 8.4 緑化重点地区の具体的取り組み例

公共地の緑化	民有地の緑化
公共広場の緑化 街路樹の整備 都市公園の整備	屋上・壁面の緑化 生垣，花壇の設置 庭の緑花
公共施設の緑化 公益施設の緑化	大木の保全 ベランダの緑化
河川護岸の緑化	駐車場の緑花
史跡などの整備 保安林の整備	歩道の花いっぱい運動 公園内の花壇の手入れ 神寺の樹林の保全 公開空地の整備
	大規模商業施設内の緑化

る地区のことである（都緑 4 条第 2 項八号）。
駅前のシンボル地区，緑が少ない住宅地，風致
地区などを緑化重点地区に定め，緑地協定，公
共公益施設や民有地の緑化の助成，公園整備な
どを推進するものである（表 8.4 参照）。

▶8.2.4 緑地協定および市民緑地契約の締結

緑地の管理等に関係して，緑地協定や市民緑
地の制度がある。

緑地協定は，都計区域または準都計区域内の
相当規模の一団の土地，あるいは道路，河川な
どに隣接する相当区間の土地において，地域の
良好な環境を確保するために土地の所有者等が
全員合意または一人協定として，結ぶものであ
る（都緑 45 条第 1 項，54 条）。本協定の具体

的なことは 15.1.2 項に述べる。

市民緑地（都緑 55，60 条）は，緑化地域ま
たは緑化重点地区内で住民に供するため，土地
所有者などが設置管理計画を作成し，市町村長
の認定を受けた緑地または緑化施設であり，都
市公園に準じる施設とみることができる。すな
わち，都計区域等内の土地や建築物の一定の規
模以上の所有者の申し出により，地方公共団体
や緑地保全・緑化推進法人（都緑 69 条）が契
約して市民緑地を設置し，緑地や緑化施設の管
理ができる。市民と自然とのふれあい，生物の
生息のための緑地が確保できる。また，土地の
所有者は管理の手間や費用が省け，税の減免な
どがある。

以上が，緑地の整備と保全，緑化の推進に関
する定めである。これらは，地域に応じた緑地
政策を推進する制度である。

8.3 風致地区と市民農園

▶8.3.1 風致地区

風致とは自然の風景やその趣である。した
がって，**風致地区**は都市の風致を維持するため
に定められる地区であるが（都計 9 条第 22
項），そのねらいは都計区域等によって異なる。
市街化区域では良好な自然環境の形成，市街化
調整区域では農地や自然環境の保全である。一
方，非線引き都計区域の白地では保全する土地
の位置づけを行うこと，準都計区域では土地利
用を整序化して地域環境の保持が求められる。

風致地区における建築物の規制は，建基法に
委ねるものではない。都市計画法において定め
がある点で他の緑地に関わる地域地区と異なる。

すなわち，建物の規制だけでなく，土地の形
質の変更と一体の規制があり，「風致地区内に
おける建築物の建築，宅地の造成，木材の伐採
その他の行為については政令で定める基準に従

い，地方公共団体の条例で，都市の風致を維持するために必要な規制ができる」とされている（都計58条第1項）．

条例をみると，大規模な風致地区（面積10 ha以上）は都道府県および指定都市の条例，小規模なものは市町村条例にあるが，それらから，次のことなどに関して許可が必要である．

----

① 建築物の建築，その他の工作物の建設，建築物の色彩の変更
② 宅地造成，開墾などによる土地の形質の変更，水面の埋立てまたは干拓
③ 木竹の伐採，土石類の採取
④ 屋外の土石，廃棄物などの堆積

風致地区の指定によっても主要な緑地の健全な保全が困難な場合は，8.2.2項に述べた緑地保全地域，特別緑地保全地区を重ねることは一つの方法である．

あるいは，風致地区内の宅地の造成などに際し，公園などの系統的な配置や自然環境の眺望の場などとの一体的整備が望ましい．史跡などの特殊公園，伝統的建造物群保存地区，景観地区を指定する場合は，その周辺区域を風致地区として一体的に定めることもできる．

▶8.3.2　市民農園

近年，農業者でない都市市民が，趣味や家族団らんの一環として，あるいは自家消費野菜の生産と実益をかね，週末などに都市近郊の農地に出かけて農作業することが増えている．これに応える一団の農地を，本来の生産農地と区別し，市民農園，あるいは，ふれあい農園などという．農業政策のうえでは，次の意義がある．

- 市民の要望に応え，農地のまま有効活用ができる
- 農業に対する市民の理解が深まり，都市と農村の交流に寄与する

また，都市政策の意義は，以下のとおりである．

- 市民のレクリエーション需要に応える
- 公害・災害防止や景観からみて，良好で快適なオープンスペースが確保できる

わが国では，過去には農地を農地以外に利用することが厳しく規制されてきた．しかし，今日では特定農地貸付けに関する農地法等の特例に関する法律，および市民農園整備促進法（市民農園法）が制定され，農地で市民農園の開設ができるようになった．加えて，都市農地の貸借の円滑化に関する法律が定められ，生産緑地内の都市農地を円滑に貸し付けるしくみが定められた．

市民農園法2条によれば，市民農園は農地とそれに附帯する市民農園施設からなる．農地は，特定農地貸付けまたは特定都市農地貸付けがあり，定型的な条件で営利以外の目的で農作業用に供するものであり，市民農園施設は，農機具収納施設，休憩施設，駐車場，照明施設などを含む．

相当数の市民農園が見込まれる場合，都道府県知事が基本方針を定め，それに基づいて市町村は，市街化区域を除いて農業委員会の決定を経て市民農園区域を指定することができる（市民農園3条）．一方，市街化区域はもともと農業との調整は必要でなく，市民農園区域の指定はないが，前述のことから，生産緑地地区を市民農園として利用する例が多い．

2021年度末現在，農園数にして全国4235の市民農園がある（農林水産省：市民農園の状況）．市街化区域内約3割，市街化調整区域内約4割，非線引き都計区域内2割であり，合わせて9割近くが都計区域内である．

8.4 都市公園の整備[15]

▶8.4.1 都市公園の定義

　緑の基本計画（8.2.1項）で述べたように，都市公園は都市の緑地における重要な構成要素である．同時に，市民の生活や住環境と密接に関わり，快適で潤いある憩いやレクリエーションの場を提供し，災害時には避難場所になるなどの主要な都市施設でもある．これらから，その設置・管理の基準を定める都市公園法（都公法）をみると，都市公園は，次の公園または緑地であり，地方公共団体又は国が設置する公園または緑地に設ける公園施設を含むものと定められ，その内容は以下のとおりである（都公2条第1項）．

- -

① 都計施設である公園または緑地で地方公共団体が設置するもの，および地方公共団体が都計区域内に設置する公園または緑地
② 国が設置する公園または緑地
　イ 一つの都道府県の区域を超えるような広域の見地から設置する都計施設である公園または緑地
　ロ 国家的記念事業として，またはわが国固有の優れた文化的遺産の保存及び活用を図るため，閣議決定を経て認定する都計施設である公園または緑地

- -

　なお，公園施設は表8.5に示す諸施設である（都公2条第2項）．また，自然公園法の国立公園または国定公園に関する計画に基づき設置される公園・緑地，または同公園内に指定される集団施設地区としての公園・緑地は，都市公園には含まれない（都公2条第3項）．

▶8.4.2 都市公園の技術的基準など
（1）地方公共団体設置の都市公園

　前項の都市公園の範囲で考えれば，①の地方公共団体設置の都市公園の種別を一覧にしたものが表8.6である．街区公園，近隣公園，地区公園，総合公園，運動公園，広域公園または特殊公園の7種別がある（都計施行規則7条五号）．

　あるいは，街区，近隣，地区の3公園は，一の市町村を街区，近隣，徒歩圏と区分し配置する公園であり，居住者が主に利用し，住区基幹公園と総称している．総合，運動の2公園は一の市町村の住民が包括的に利用する都市基幹公園であり，広域公園は一の市町村の区域を超え，レクリエーション都市は，都市圏から発生する多様なレクリエーション需要に応えるもので，大規模公園と総称している．また，特殊公園は，風致公園や動・植物公園などである．

　地方公共団体が設置する都市公園の配置および規模の技術的基準は政令で定めるものをふまえて条例で定められる（都公3条）．それによれば，一の市町村（特別区を含む）の区域内の都市公園の住民一人あたり敷地面積の標準を $10\ \mathrm{m}^2$ などとする定めがあるが（都公施行令1条の二），いまではそれを超える整備実態である．

　また，地方公共団体が設置する都市公園の種別の配置および規模は，市町村または都道府県が，各々の都市公園の特質に応じて，その分布

表8.5 公園施設一覧（都公2条第2項）

一 園路及び広場	六 植物園，動物園，野外劇場などの教養施設
二 植栽，花壇，噴水などの修景施設	七 飲食店，売店，駐車場，便所などの便益施設
三 休憩所，ベンチなどの休養施設	八 門，柵，管理事務所などの管理施設
四 ブランコ，滑り台などの遊戯施設	九 公園の効用を全うするその他の施設
五 野球場，陸上競技場などの運動施設	

表8.6 都市公園の種別

公園の種別		定 義	技術基準	都公法施行令
住区基幹	街区公園	主に街区内の居住者が利用する公園	標準 0.25 ha	2条第1項一号
	近隣公園	主に近隣に居住する者が利用する公園	標準 2 ha	2条第1項二号
	地区公園	主に徒歩圏内に居住する者が利用する公園	標準 4 ha	2条第1項三号
都市基幹	総合公園	市内居住者の休憩，鑑賞，散歩，遊戯，運動などに供する公園	都市公園として機能を十分発揮できる面積 容易に利用できるように配置	2条第1項四号
	運動公園	主として運動の用に供する公園		
大規模	広域公園	一の市町村を超える広域利用の休憩，観賞，散歩，遊戯，運動などに供する公園		
	レクリエーション都市	広域レクリエーション需要に応えるため，大規模な公園として各種レクリエーション施設を配置する一団の地域		（要綱）
緩衝緑地等	特殊公園	風致公園，動植物公園，歴史公園，墓園など	良好な自然環境形成の土地を選定し配置	2条第2項
	緩衝緑地，都市緑地，都市林，広場公園，緑道			2条第2項

（a）街区公園　　　　　　　　　　　　　（b）地区公園

図8.4 街区公園と地区公園

の均衡を図り，かつ防火，避難等災害の防止に役立てることを配慮して定めている．それが表8.6の技術基準欄に示す内容である．すなわち，規模についていえば，住区基幹公園は標準として 0.25，2，4 ha の定めである．

都市基幹公園や広域公園は，それぞれの利用目的に応じて敷地面積を定め，都市公園としての機能を発揮するように配置するとされる．

（2）国が設置する都市公園

国が設置する都市公園は，全国に現在17箇所あり，そのうち前項の②の "イ号公園" が12箇所，"ロ号公園" は5箇所（武蔵丘陵森林，昭和の森，飛鳥・平城宮址，吉野ケ里，沖縄記念）である．なお，イ号公園は，さらに次のように二つに細分される（都公施行令3条）.

- 災害時に広域的災害救援活動拠点となるために国が設置する都市公園で，都道府県の区域ごとに一箇所配置し，広域的救援活動に必要な規模以上とされる．
- 国が設置するその他の都市公園で，交通機関の誘導区域（到達距離200 kmを超えない区域）に配置し，おおむね300 ha 以上とされる．

図8.5は国営公園の例である．図(a)は米軍基地跡に整備されたイ号公園で，計画面積540 ha に及ぶ広場が広がる．図(b)は，弥生時

（a）海の中道海浜公園（イ号）　　　　　　　　（b）吉野ヶ里歴史公園（ロ号）

図 8.5　国営公園

代の遺跡のロ号公園で，約 53 ha の面積に大環壕集落を復元したものである．

▶8.4.3　立体都市公園

　都市公園は，誰もが容易にアクセスできること，樹木育成のための土砂層や地下水が必要なことから，通常は地表（自然地盤）に設けられる．しかし，都心部で建物が連坦し，地価が高いところでの整備は土地取得が難しく容易でない．それでもヒートアイランド問題への対応や災害時避難場所の確保，快適な公園整備が望まれ，その工夫に立体都市公園がある（都公 20 ～26 条）．

　すなわち，都市公園の区域を空間または地下に下限を定めて立体的に設定し，地下や建物の屋上，人工地盤上に都市公園が構築できる．もちろん，こうした公園もアクセスの確保や公園機能，高齢者などへの配慮が必要である．また，公園一体建物は，その整備費用，公園管理上の行為制限，工事調整，建物損害の場合の措置に対し，公園管理者と建物所有者の間で協定を結ぶことができる（都公 22 条）．

　立体都市公園の事例に，横浜高速鉄道みなとみらい線の元町・中華街駅と一体のアメリカ山公園（横浜市中区），首都高速道路大橋ジャンクションの目黒天空庭園（東京都目黒区）がある．

▶8.4.4　都市公園の配置のあり方

　前述のさまざまな公園の中で，一つのグループは，誰もが自由に出入りでき，かつ機能のうえで包括関係となる住区基幹公園である．

　もう一つのグループは，運動公園や競技場，動植物園，広域公園のように，出入りが規制される，入園料が必要である，利用目的や位置的関係が他の公園と独立したものである．

　当然ながら，後者は一部を除いて別の種類の公園との関係はそれほどでなく，数もさほど多くない．これらの設置は周辺環境への悪影響を避けながら個別に検討できる．

　問題は前者である．緑地や住区基幹公園は，いわゆる大は小を兼ねる関係があり，かつ地域住民の利用頻度が高い（図 8.4（a），（b））．これらから，それら互いの重複を避け，また神社境内や水辺などとの関わりにも配慮し，都市域全体への適正な配置を計画することが望ましい．

　あるいは，これらの公園に限れば，規模が大きくなるほど存在機能および利用機能が増大する．一方，規模が小さいほど存在機能は分散的，限定的となり，利用機能も絞られるが，身近であり日常的に利用できる．

　以上から，まずは都市基幹公園や地区公園といった規模が大きい公園の配置を考え，以下，適正な重複にとどめつつ，街区公園，近隣公園を順次配置し，補遁する手順が望まれる．

　図 8.6 はその配置イメージである．各々の地

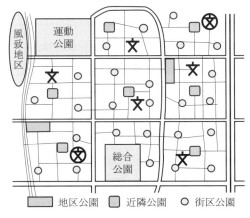

図8.6 都市公園の配置イメージ

域の実情や将来展望に応じた公園機能や公園施設を割り付け、まずはニーズに即して公園の展開配置を大規模から小規模へと段階的に配置する。次いで、地域全体で環境保全、レクリエーション系統、防災や防犯、景観形成からみた配置の調整、および経済合理性、利活用上の利便性などの妥当性を検討する。

▶8.4.5 公募設置管理制度など

都市公園は公共施設であり、2021年度末現在の全国の整備状況は、約12.9万haの面積であり、10.8 m^2/人である。これを8.4.2項の整備目標と照らし合わせると、わが国も公園整備が行き渡り、そのストックが充実したといえる。しかし、多くの公園施設が老朽化し、長寿命化や更新が求められているものの、財政が厳しく、容易に改善できない自治体も多い。そこで、都公法2、3条の定めによる公共が設置し、その設置者が管理運営する公設公営を原則にしながらも導入が図られたのが地方自治法に基づく指定管理者制度である。一言でいえば、公設民営の導入である（地自244条の二）。

つまり、「民間資金等の活用による公共施設等の整備等の促進に関する法律」（PFI法）の制定があり（15.4節）、それに基づいて都市公園の管理を管理者以外が行う許可制度の導入があった（都公5条）。これは、公園管理者が自ら

施設管理することが困難または不適当、あるいは管理者以外の管理が公園機能の増進に資すると認められる施設について、公園管理者の許可を受けて管理運営する制度である。

そして近年、公募設置管理制度が定められた。公園の公共性を担保し、公園施設のストックを活かし、改善を図りつつ、観光、子育て、防災、環境、景観、文化などに公園を活かし、公共体と民間事業者が協働する体制を築くものである。それが、公募設置等計画による公募設置管理制度である（都公5条の二）。

つまり、公園管理者が公募対象公園施設の設置、管理及び公募の指針を定める。これは、公園内で、公園利用者の利便の向上を図るうえで有効な飲食店、売店、カフェなどを公募対象公園施設とし、その設置、管理運営する者を公募するものであり、次の内容を定めなければならない（都公5条の二第2項）。

- 施設公募対象公園の種類、場所、設置・管理の開始時期、使用料の最低額
- 特定公園施設（公園管理者がその者に建設を行わせる園路、広場その他の施設であり、公募対象公園施設の周辺に設置することが都市公園の利用者の利便の一層の向上に寄与すると認められるもの）
- 利便増進施設（駐輪場、情報提供の広告看板など）
- 設置等予定者を選定するための評価基準

また、特定公園施設の有効期間（20年以内）および設置予定者その他の必要な事項を定める。

この指針に基づいて、応募者は、公募設置等計画を作成し、公園管理者に申請し、選定が行われ、結果が通知される。

この方式は、うまくいけば、図8.7のように、公園管理者にとっては維持管理や防災対策費の軽減に繋がり、事業者は営業ができ、利用者は

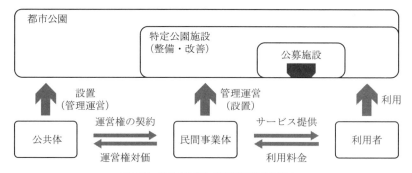

図 8.7　都市公園の公募設置管理制度

より良いサービスの提供を受けられ, さらに地域の活性化に繋がる好循環が生まれると推測できる. 一方, 経営リスクが避けられない.

　以上の内容が公募設置管理制度であり, 民間資金の活用であることから Park-PFI とよばれ

ている. あるいは, 特定の範囲や内容で, 事業者が免許や契約により独占的に営業権をもつ公 (public) と民 (private) の協働 (partnership) 事業であることから PPP/PFI 公園ともいう.

第 9 章 上水・下水システムと廃棄物等の処理施設

都市で人々が暮らし，生活するためには，上水を使い，下水を排出する循環システムと施設が必要である．また，都市活動に伴い必ず出るゴミなどの廃棄物についても，その処理施設が必要である．本章では，それらをどう構築するかについて説明する．

9.1 都市用水の循環

都市用水に関わる水循環を俯瞰すると，図 9.1 のようになる．自然界では，海水などが蒸発して雨水となり，地表や地下を流下，浸透し，河川流域の水系の流れを経て海水域に再び戻る循環システムが形成されている．その中で，水の利用がある．主な利用内容は，農業用，工業用，電力用と，図 9.11 に示す都市用水である．

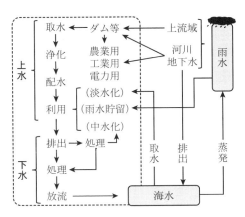

図 9.1　都市用水の循環システムの概要

人々が都市で暮らし，活動するには水は不可欠である．このため，ダムや河川，地下から都市用水を取水し，これを浄化して配水池に送り，家事や飲料水，事業用水に配水して利用している．利用後は一部が汚水となり，それを排出し，その害がないように処理し，公共用水域（河川または海）に放出する．都市ではこのような循環システムが構築されている．

大まかにいえば，前半の取水から利用までの水の流れが上水であり，そのための施設や設備が上水システム（上水道）である．後半の汚水，あるいは地表を流れる雨水を加えて都市から排出されるものが下水，そのための処理・放出施設などが下水システム（下水道）である．

しかし，最近では図のように，排出水を浄化して中水とし再利用する，海水を直接淡水化するなどもみられ，上述の上水，下水の定義は必ずしも当てはまらず，一体的システムでもある．

9.2 上水システムの計画

都市用水は，生活用水と都市活動用水からなる．都市活動の活発化，水洗トイレの普及や洗車などによる生活環境の変化から，1 人あたりの使用量は増えているものの，都市全体でみれば人口減や降雨の直接利用，節水から，水使用量の増加は抑制されている．それでも，都市用水の安定供給は，次のような状況からいまなお都市問題の一つである．

----

① 気候変動による降雨の変動が最近では従来に増して激しく，洪水を引き起こす一方で，渇水に見舞われている．このため，水資源の安定的な取得が難しく，水害，枯渇の繰

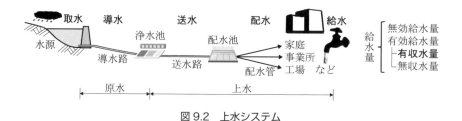

図9.2　上水システム

り返しが激しくなりつつある.

② 都市用水を当該地域だけで確保することが難しく，遠方の農村や山奥のダムで大量に取水し，都市まで導水しなければならない.そのために，複雑な水使用の権利問題を乗り越えての合理的な水の配分が求められている.

- -

一概に水道といっても，自家専用・事業専用の個別のものと，それら以外の一般公共用があり，図9.2は水道システムの概要である.したがって，水道計画は，水需要の予測に基づいて水資源の取水計画とそれを配水する供給計画があり，両者で調整し，所要需要量に見合う供給量を定めることが基本といえる.

▶9.2.1 水需要量の予測と給水量

都市用水の需要量の予測法はさまざまあるが，原単位法が簡便である.つまり，人口や事業所あたりの平均水使用量から原単位を求める.このとき，人口などの将来値を予測し，それに原単位を掛ければ，将来の水需要量が予測できる.

水道施設の計画および設計は，単に水使用に関わる需要量だけが対象ではない.それ以外にも緑地散布や河川維持，渇水対策，業務不明用水などさまざまな内容が含まれ，この意味で水道施設計画の基準となる水量をとくに**給水量**とよぶ.

給水量は，無効給水量と有効給水量の和である.前者は取水から配水に至る過程での漏水，蒸発などの遺失水量のことである.後者は全給水量から無効給水量を除いたものだが，そのうちのどれだけが料金収入に関わるか否かでさらに有収水量と無収水量（管洗浄や消火用など）に分けられる.

つまり，有収水量は，一般にいうところの市民の1人1日あたり水使用量（家庭用でおおむね200〜300 L）とみれば，それは生活習慣に加え，気候，社会経済活動の実態，さらには節水対策が進んだ都市とそうでない都市とで差がある.そのうえで，無収水量，無効給水量を加えて全給水量を求めれば，水道施設やその設備が計画できる.

▶9.2.2 上水道の計画

図9.2の上水の流れに沿って計画内容を概説する.

（1）水資源計画

水源は，都市から離れたダムや河川に求めることが多い.水源からの取水計画は，水量，水質，導水距離をふまえ，また，水利権に配慮し，建設費，管理運営費に関して十分な検討が必要である.あるいは最近では，ダム，河川の他に，海水の淡水化，下水処理による再生水または中水の活用，屋上雨水の貯留利用などがある.

（2）導水・送水

原水を水源から浄化施設へ輸送するまでが導水施設である.その計画は，経済性からすれば自然流下が望ましい.しかし，現実は，地形のため一部でポンプ加圧式になることもある.

送水は浄水池から配水池までである.自然流下，加圧式，併用式があるが，市街地などが高台へも広がり，加えて建物などの高層化から自

然流下式によることが難しいことも多い.

また，導水，送水について開水路か，管路かの問題がある．開水路は簡便であるが，汚染を防ぐには管路が望ましい.

（3）浄水処理

原水の水質は必ずしも飲料水や工業用水に適しているとは限らない．場合によっては，浄水場（図9.3）での原水の浄化が必要であり，飲料用では除濁と塩素消毒が行われる．また，有機塩素化合物の地下水汚染のために水質改善が必要なことがあり，一層の水質向上のために逆浸透膜やオゾン処理などを施すこともある.

水道法4条に「厚生労働省令に水質基準を定める」とある．それでは一般菌，大腸菌，塩化物をはじめ51項目の基準値が定められている.

（4）配水

配水施設は，配水池と配水管網が基本構成である．配水池から定量的に送られる水量と時間的に変動する水需要量の調整を図るもので，平均流量の6時間程度の貯水があれば1日の時間変動に対応できるといわれている．また，配水管路に所定の水圧を与え，配水管網の末端まで確実に送水する必要がある．さらに，水圧の関係や，修理時などの断水に対処できるように，区域を分割して配水管網を計画することも大切である.

（5）給水

各建物や家屋への給水は3タイプがある．一つは直結式で，地形などにもよるが，数階建てまでの低層建物に用いられている．高層になると増圧直結給水となる．あるいは，地上または屋上に貯水槽を設置して一度貯め，それから各家庭に給水する貯水槽方式もある.

9.3 下水システムの計画

下水システムには，浄化槽法の浄化槽，建基法のし尿浄化槽，廃棄物処理法のコミュニティプラント，道路側溝などの下水道類似施設および下水道法の下水道がある．ここでは，都市施設である下水道の基本について説明する.

▶9.3.1 分流式と合流式

下水道は汚水と地表雨水の排出のために整備されるが，両者の水質は大きく異なり，それらをどう扱うかで2通りの方式がある.

一つは分流式で，雨水はそのための排出管渠を介して河川などに直接放流し，汚水は別の排出管渠で集めて終末処理場で処理したのち河川に放流する．もう一つは合流式で，両者を一つの管渠に集め，終末処理場で処理してから河川や海へ放出する.

いずれも一長一短がある．合流式は管渠が一つであることから工事が容易で管理しやすいが，大雨などで送水管や処理場の受け入れ能力を超えた場合，未処理のまま下水が河川にあふれ出る問題がある．一方，分流式は，2系統の

図9.3　浄水場

管渠の整備が必要だが，汚水に絞り込んで処理できる．しかし，全体として複雑になり，施工費が高く，点検清掃に手間がかかるなどから経済性に問題がある．

　最近では，市民の環境意識の高まりや，厳しい降雨に見舞われる機会が増えていることから，汚水が河川などへ放出される危険を少しでも避ける意味で分流式の採用が広がっている．それでも，過去に整備された市街地や細街路などの区域で合流式が多く残されている．このため，汚水，雨水，合流水の埋設管が交じり合うものが都市下水道システムの実態である．

▶9.3.2　下水道の役割

　1.2節に述べたように，世界の都市下水道の整備は古代から行われていたが，近代法の下で都市整備に取り入れられたのは，イギリスの公衆衛生法（1848）が最初である．

　対するわが国は，奈良時代の平城京で下水渠の整備がみられた．近年では，1900年に旧下水道法が，戦後の1958年に新下水道法が制定された．この段階の下水道の役割は①公衆衛生の向上，②生活環境の改善である．そして，1970年の改正で公害問題の深刻化を受けて，③公共用水域の水質保全が加わった．また，最近の都市水害もあって，④浸水被害の防除，さらに技術の進展で，⑤下水処理後の再利用や下水エネルギー利用，汚泥の再資源化が進んでい

る（表9.1）．

▶9.3.3　下水道の種類

　都市施設として，市街地で整備される下水道は，公共下水道，流域下水道，および都市下水路である．

（1）公共下水道（下水道2条三号）

　公共下水道は，主として市街地の下水を排除し，または処理するために終末処理場を有するものまたは流域下水道に接続するものであり，かつ，汚水排水施設の相当部分が暗渠であるものである．あるいは，雨水のみを公共の水域に放流または流域下水道に接続するものである．

　これらは原則として市町村が管理する．しかし，関係市町村のみで設置が困難な場合は，幹線管渠などの根幹部分は都道府県が代行できる．また，特定の事業者がその活動で計画汚水量の2/3以上を超える特定公共下水道，市街化区域以外で自然公園の区域の水質保存のための自然保護下水道，さらに生活環境改善に必要な農村漁村下水道，処理人口1千人未満の簡易な特定環境保全公共下水道も，すべてが終末処理施設の処理であることから公共下水道に含められる．

（2）流域下水道（下水道2条四号）

　地方公共団体管理の下水道で，とくに二以上の市町村の区域における下水の排除・処理，または雨水の排除・調整をするものを流域下水道

表9.1　都市の公共下水道の役割と種類

役　割		種　類
排水・処理	①　公衆衛生の向上 ②　生活環境の改善 ③　公共用水域の水質保全 ④　浸水被害の防除	広義の公共下水道 　狭義の公共下水道 　特定環境保全公共下水道 　（自然保護，農山漁村，簡易） 　特定公共下水道 　雨水公共下水道
再資源化	⑤　下水処理後の再利用・再資源化（中水，飲料水，汚泥の肥料化，下水熱の活用など）	流域下水道，雨水流域下水道
		都市下水路

という.

（3）都市下水路（下水道2条五号）

都市下水路は，市街地における浸水を防除するために地方公共団体が管理している下水道（公共下水道および流域下水道を除く）である．その規模（管渠の内径など）は政令で定める規模以上のもので，かつ地方公共団体が指定するものであり，原則，明渠である．

▶9.3.4 公共下水道のシステム

公共下水道は，各市町村による単独タイプと，複数市町村による広域タイプがある．そのうち図9.4の右は，単独タイプの公共下水道の概念図である．

各家庭からの生活汚水や事業所などから排出される汚水は，排水管に流れて終末処理場に至る．この処理場では，沈殿・ろ過，消毒などを行い，無害化し，河川や海域に放出する．また，最終的に残る汚泥については，脱水，焼却され，肥料，建設資材などに再利用される．

一方，広域タイプを図9.4の左に示す．各自治体が整備する下水道を枝線で，都道府県が整備する幹線・下水処理場に繋ぐものである．排水管，排水渠などの排水施設，下水処理のため

の処理施設，それらを補完するポンプ施設，貯留施設などの総体が公共下水道である．

▶9.3.5 流域別下水道整備総合計画の策定

河川や海域などでは，水質を保全する基準について環境基本法16条第1項の定めがあり，その達成のため，それぞれの公共の水域または海域ごとに下水道の整備に関する総合計画を策定している（下水道2条の二）．それが流域別下水道整備総合計画である．公共用水域の水質汚濁が二以上の市町村の汚水によるもので，かつそのための下水道の整備によって水質環境基準に達成させる必要があるとき，都道府県が定める．

図9.4は，総合計画の対象である流域別下水道の全体イメージであり，表9.2はその総合計画の内容である（下水道2条の二第2項）．

表9.2 流域別下水道整備総合計画の内容

1 下水道整備に関する基本方針
2 下水の排水・処理区域
3 当該区域の下水道の根幹的施設の配置，構造および能力に関する事項
4 下水道整備事業の実施順位の事項
5 必要な場合，下水の窒素またはリンの含有量の削減目標と削減方法

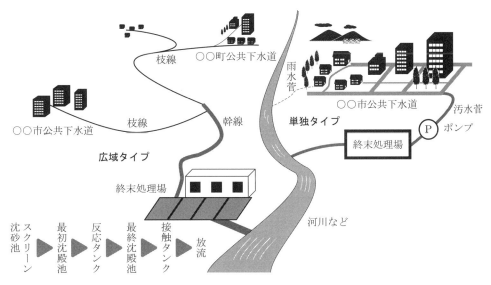

図9.4 流域別下水道のイメージ図

自然条件（地形，降水量，河川流量など）や，土地利用，公共水域の水利用，汚水量，水質の見通し，および下水放流先の状況，費用対効果分析を勘案して定める内容である．また，その骨子は，公共用水域の水質の保全に関わる基本方針，下水の排水処理区域を定め，そのための根幹的施設の配置，構造，能力を策定するものである．

9.4 処理施設の設置場所

都市施設のうち，「卸売市場，火葬場，と畜場，汚物処理場，ごみ焼却場，その他（ごみ処理施設，産業廃棄物処理施設，廃油処理施設）」を特殊建築物または処理施設とよぶ．この処理施設は，次のいずれかでなければ新築または増築できない（建基51条）．

----

① 都市計画でその敷地の位置が決定しているもの．
② 特定行政庁が都道府県または市町村の都計審議会の議を経て，その敷地の位置を都市計画に支障ないと認めて許可したもの.
③ 政令に定める規模の範囲のもの.すなわち，準住居地域を除く七つの住居系及び工業専用地域以外の商業，工業系地域の区域における 500 m^2 以下の卸売市場，処理能力が3千人以下の汚物処理場やごみ焼却場など.

基本的には①の適用による．②は市街化の傾向がなく，周囲への影響が少ない場合に適用され，③は小規模とみなす規定である．

処理施設は，いずれも都市の人々にとって公益上不可欠である．しかし，生活などに関わる環境上の問題があり，設置場所を巡り住民の間で賛否が分かれることが多い．利用の便を考える一方，環境問題，周辺への影響に十分配慮し，都市計画の立場から総合的に判断し，都計区域内に場所を定める必要がある．環境問題を生じない技術革新とともに，風致地区や住宅地，市街地，学校や病院などとの近接を避け，搬出・搬入路や集排水に問題がないことが求められる．

図9.5 は，最近の処理施設の様子である．上述の内容をふまえ，進化し，周辺環境への配慮が推察できよう．

図9.5　焼却処理施設（リサイクルプラザ）

第10章

市街地開発事業と都市再生整備

　都市を効果的かつ整合的に整備するために，市街地を構成する土地，都市施設，建築物の一体的な整備が望まれる．また，まちを活性化させるためには，都市再生の戦略的な市街地整備が必要である．本章では，それらの計画や事業について説明する．

10.1 市街地開発事業

　"市街地"とは，ある土地の範囲で，商店街，業務市街地，工業団地，密集市街地，住宅街，ニュータウンなど，建物や施設などが集まるまちのことである．これらは，それぞれの整備内容に応じる土地や公共施設，建築物などにより構成されている．

　このため，同じ市街地でも，単に土地利用や建築物に規制をかけるだけで，土地や都市施設，建築物などを個別に整備，改善するとすれば，長い年月を要し，あるいは，ちぐはぐで非効率なまちとなり，必ずしも快適かつ良好で安全な都市の実現には至らない．

　そこで，都市にあって一定の土地の区域を定め，必要な土地や施設などを一体的または総合的にまとめて開発，再開発するために，いくつかのまちづくりの事業手法が制度化されている．それらを**市街地開発事業**という（都計4条第7項）．この事業には，土地区画整理，新住宅市街地開発，工業団地造成，市街地再開発，新都市基盤整備，住宅街区整備，防災街区整備の7事業がある（都計12条第1項）．

　これらは，市街化区域または非線引きの都市計画区域内において，一体的に開発し，または整備する必要がある土地の区域について定めている（都計13条第1項十三号）．つまり，市街地開発事業は，市街化調整区域を除く都市計画区域における市街地開発事業であり，都市計画として事業の種類，名称，施行区域を定め，施行区域の面積などを定めるように努めるものである（都計12条第2項）．加えて，土地区画整理事業では公共施設の配置および宅地の整備事項の追加があり（都計12条第3項），他の事業も別法に追加事項の定めがある（都計12条第4項）．

　表10.1は，市街地開発事業の一覧である．整備の内容，事業に関わる権利関係の扱い，事業の推進方法などに違いがあるが，各事業の制度は20世紀中頃から20世紀末の創設である．当時は人口増社会・経済成長期であったが，いまでは人口減・高齢社会・低経済成長期であり，社会の国際化が急速に進んでいる．したがって，各事業制度の利用に適否があり，中には新都市基盤整備事業のように実施例がないものもある．

　そのことをふまえ，次節以降では，今後の市街地開発事業としての利用可能性を念頭におき，土地区画整理事業と市街地再開発事業を説明する．防災街区整備事業は14.3.2項に述べる．

10.2 土地区画整理事業

　土地区画整理事業は，都市を整備する事業制

表10.1　市街地開発事業の各事業の内容

事業名	事業内容	関係法（制定年）	土地の所有権			施行者*	追加事項
			換地	変権換利	買収		
土地区画整理	都計区域内の土地について，公共施設の整備，宅地の利用増進のため，土地の区画形質の変更と公共施設を新設・変更する事業（法2条）	土地区画整理法（1954）	○			個人，土地区画整理組合，区画整理会社，地方公共団体，国土交通大臣，都再機構，地方住宅公社	公共施設の配置および宅地整備に関する事項（都計法12条第3項）
新住宅市街地開発	住宅需要が著しく多い市街地周辺の住宅市街地開発に関し，宅地造成と処分，合わせて公共施設の整備事業（法1，2条）	新住宅市街地開発法(1963)			○	地方公共団体，地方住宅公社，10 ha以上の一団の土地を有する法45条の特例法人	住区，公共施設の配置と規模，ならびに宅地利用計画（法4条第1項）
工業団地造成	首都圏，近畿圏の近郊整備地帯や都市開発区域で，工場等敷地の造成と道路，排水施設，鉄道，倉庫の敷地などの整備事業（法1，2条）	首都圏(1958)，近畿圏(1964)の近郊整備地域等法			○	地方公共団体	公共施設の配置と規模，宅地利用計画（首都圏5条第1項，近畿圏7条第1項）
市街地再開発	市街地の高度利用，都市機能の更新を図るための建築物やその敷地，公共施設の整備などの一種，二種事業（法1，2条）	都市再開発法（1969）		一種	二種	個人，市街地再開発組合（以上は一種のみ），再開発会社，地方公共団体，都再機構，地方住宅公社	公共施設の配置と規模，建築物とその敷地の整備計画（法4条第1項）
新都市基盤整備	大都市周辺で，新都市の基盤となる根幹公共施設の用に供する土地，開発誘導地区の土地の整備事業（法2条）	新都市基盤整備法（1972）	公共用地などを各筆から一定割合買収，残りは換地			地方公共団体	根幹公共交通の土地区域，開発誘導地区の配置・規模，開発誘導地区内土地利用計画（法4条第1項）
住宅街区整備	大都市地域で住宅(共同)と住宅地供給のため，土地の区画形質の変更，公共施設の新設・変更および共同住宅の建設事業（法1，2条）	大都市地域の住宅及び住宅地供給促進法（1975）	区画整理とともに，土地の権利を共同住宅の床に変換も併用			個人，住宅街区整備組合，地方公共団体，都再機構，地方住宅公社	公共施設の配置と規模，施設住宅などの建設計画（法31条第2項）
防災街区整備	密集市街地で特定防災機能の確保と合理的・健全な土地利用のため，建築物とその敷地，防災公共施設その他の公共施設の整備事業（法1，2条）	密集市街地整備法（1997）		○		個人，防災街区整備組合，事業会社，地方公共団体，都再機構，地方住宅公社	防災公共施設などの公共施設の配置・規模，防災施設建築物の整備計画（法120条第1項）

注）*個人：一人または共同による個人施行．　地方公共団体：都道府県，市町村．
　　都再機構：都市再生機構．　地方住宅公社：地方住宅供給公社．

度の基本形であり，農地の区画を整理する耕地整理に原点がある．1919 年，当時の耕地整理法を準用し，（旧）都市計画法に宅地利用増進のための土地区画整理事業が明文化された．また，関東大震災の災害復興では（旧）特別都市計画法が，アジア太平洋戦争後の戦災復興では（新）特別都市計画法が定められ，各々の復興事業のために区画整理が用いられた．

しかし，農地と宅地では同じように扱うと不都合なことが多い．このため，耕地整理法を廃止し，都計区域内の土地に関わる区画整理のための土地区画整理法（区画法，1954）が成立した．また，特別都市計画法も廃止され，1968 年成立の（新）都市計画法の中で土地区画整理が都市計画事業の一つに位置付けられた．

以来，区画法と都計法の下で，大規模災害後のまちの復興，農地から宅地への転換，中心市街地の整備，街区の再編成，都市の再生などに活用されている．

▶10.2.1 土地区画整理の定義と手順
（1）土地区画整理事業とは

土地区画整理事業とは，都計区域内の土地について，「土地の区画形質を変更して宅地を造成し，公共施設の改善整備のため新設または変更を行い，良好な宅地の利用増進を図る事業」のことである（区画 1，2 条，図 10.1 参照）．

上記で，土地の区画形質の変更には，次の三つがある．

- 公共施設の新設，廃止や移動による土地の区画の変更
- 盛土や切土による土地の形の変更
- 農地を宅地にするなどの土地の質の変更

また，公共施設は，道路，公園，広場，河川や，運河，船溜まり，護岸，緑道などで，宅地は，国や地方公共団体所有の公共施設用地以外の土地のことである（区画 2 条第 5，6 項）．

（2）土地区画整理事業の施行者

土地区画整理は，土地の権利をもつ者が，その利用を向上させるため，土地の交換分合（交

（出典：福岡の土地区画整理事業パンフレット（1999），福岡市都市整備局）

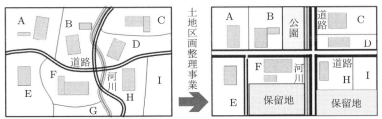

G：申し出により換地を定めない

図 10.1　土地区画整理事業の基本概念

換，分割，合併）を行って換地することを基本に行う．したがって，そのことに対応できる者が施行でき，区画法から拾い出せば表10.1の当該欄のとおりである．民間施行か，公的施行かの2グループに分けられる．

民間施行では，宅地の所有権もしくは借地権をもつ者，もしくはそれらの同意を得た者（都市再生機構など）が，1人で，または数人共同で個人施行ができる．また，土地区画整理組合（地権者などが7人以上で設立，強制加入），区画整理会社（宅地所有権者，借地権者を株主とする株式会社）が施工できる（区画3条第1〜3項）．

一方，公的施行は，地方公共団体（都道府県，市町村），国土交通大臣であり，また一定の要件の下に都市再生機構および地方住宅供給公社が施行できる（区画3条第4，5項，3条の二及び三）．

都計法制定の1968年から2020年度末までの区画整理事業の実績は，約30万haである．

施行者別でみれば，組合が4割，公共団体が3割，都市再生機構1割で，残りが個人・共同，地方住宅供給公社，行政庁，区画整理会社である．国土交通大臣の実績はなく，これは，国土交通大臣による土地区画整理事業は，国の利害に重大な関係がある特別事情の場合，国直轄公共施設事業を伴う場合，遷都に伴う場合に限られることによる（区画3条5項）．

（3）土地区画整理事業の手順

図10.2に，土地区画整理事業の手順を示す．施行者は，各々に応じた組織を立ち上げ，事業について企画・構想し，施行範囲を定め，事業計画を作成する．その際，都市計画事業の場合の施行区域は，都計決定の手続きが必要である．

次いで，事業認可を申請し，都道府県知事または国土交通大臣の認可を受ける．

認可後は，公告を経て，仮換地の指定，建築物等の移転，土地や公共施設などについて工事し，完成すれば，換地処分・登記，保留地の処分，精算金の処理を行い，事業完了となる（図

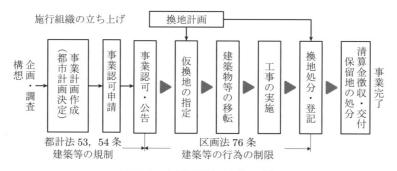

図10.2 土地区画整理事業の手順

図10.3 土地区画整理事業の例

10.3).

区画整理事業の施行範囲に関しては，施行地区と施行区域の使い分けがある．施行地区は区画整理事業を施行する土地の区域であり，施行区域は区画整理事業を都市計画に定めた場合の区域である（区画2条）．民間施行は，主に施行地区であるが，施行区域もある．公的施行はすべて施行区域である．

また，土地区画整理事業の事業計画は，施行者，事業の名称と範囲，土地の整備および公共施設の設計の概要と設計図，事業の施行期間，資金計画などを含む内容である（区画6条）．

▶10.2.2　換地計画（区画86～97条）

換地計画は換地のために定める計画であり，知事の認可が必要である．田畑や宅地の一区画（これを一筆という）ごとの位置や形状，面積などについて換地設計を行い，各筆と換地するための明細や換地に不均衡がある場合の清算金の明細，および保留地などに関わる土地の明細が定められる（区画87条）．

その際，換地される宅地の面積は，従前の面積を減じたものである．これは，公共施設の整備に必要な土地を拠出する目減り（**公共減歩**）と，事業費の一部に当てるために売却する保留地の目減り（**保留減歩**）があり，合わせた合算減歩の分だけ換地配分される面積が少なくなることを意味する．

このことから，個々の権利者への具体的な換地の位置，規模，形を，減歩して定める必要があるが，それには，"位置，地積（一筆の宅地面積），土質，水利，利用状況，環境など"について照応するように定めなければならず，これを**照応の原則**という（区画89条第1項）．

つまり，換地は，従前の宅地からして納得できる方法と内容で減歩し，適正に土地を評価して換地することであり，土地区画整理事業は，施行区域をきちんと整備し，安全で，利便性を向上させることである．その結果，利便性や使いやすさが向上し，地価が上昇して減歩が補われ，損得がバランスする．

しかし，関係者全員で，その均衡を保つことは不可能である．しかも，事情により区域から転出の申し出がある，利用のため過小宅地の減歩の緩和や増分しての換地がある，公共公益施設や文化財に特別な扱いがあるなどは避けられない．したがって，最終的には換地の不均衡を清算金で処理する必要がある（区画94条）．

▶10.2.3　仮換地と換地処分

土地区画整理事業は数年に及ぶなど，ある程度の期間が必要である．このため，その間の手順として仮換地の指定と換地処分の二つがある（図10.2）．

仮換地の指定とは，換地処分を行う前に，土地の区画形質の変更，公共施設の新築・変更工事が必要な場合，または換地計画のうえで必要な場合，施行地区内の宅地について仮換地を指定することである（区画98条第1項）．

一方，**換地処分**とは，区画整理完了後速やかに関係権利者に関係事項を通知し，土地を登記して帰属を決めることである（区画103条）．

ここで注意することは，これら両者の行為と従前の土地および従後の換地に対する所有の権利関係についてである．土地の所有とは，所有権と使用収益権の二つが揃っていることである．従前の土地のそうした状態から，工事開始後に行われるのが「仮換地の指定」である．これは，所有権を従前の土地に残したまま，区画整理が済んだところから順次従後の換地となる土地に対して使用収益権を移し，仮の換地状態にして工事を進めることに基づくものである．したがって，仮換地した土地に家を移すことや建てることはできるが，所有権は従前地のままであるため，換地された土地は勝手に処分できない．

その後，さらなる工事を進め，すべてが完了したところで土地の所有権が従前の土地から移される．これが換地処分であり，権利者にその旨が施行者から通知され，また知事が公告し，その日が終了した時点から従前の土地の所有権は消滅し，換地に移され，所有権および使用収益権が整うこととなる（区画103条第4項，104条）．

▶10.2.4　住宅先行建設区など

事業目的や施行地区における都市計画上の地域地区などとの整合を図るため，土地区画整理事業の施行地区内に，以下の区域を定めることができる．

（1）住宅先行建設区（区画6条第2，3項）

住宅需要が著しい地域に関わる都市計画区域で，新市街地の核となるなどのために，施行地区における住宅の建設の促進がとくに必要な場合，その位置，規模を適切に見込み，住宅を先行して建設する土地の区域のことである．

（2）市街地再開発事業区（区画6条第4項）

都市再開発法の市街地再開発事業の施行区域を施行地区に含む土地区画整理事業の計画では，当該施行区域内の全部または一部について，土地区画整理と市街地再開発の事業（10.3節）を一体的に施行する区域を定めることができる．

（3）高度利用推進区（区画6条第6項）

高度利用地区（6.4.3項），都市再生特別地区（6.5.1項），特定地区計画等区域で，それらの全部または一部について，土地の合理的かつ健全な高度利用の推進を図る土地の区域を定めることができ，これを高度利用推進区という．

なお，上記の特定地区計画等区域は，地区計画，防災街区整備地区計画，沿道地区計画の地区整備計画が定められる区域（11.1節）で，高度利用地区に同じ事項が定められている区域のことである（再開発2条の二第1項四号，建基68条の二第1項）．

▶10.2.5　市街化調整区域の土地区画整理

土地区画整理は，市街地の面的整備のための手法であるから，市街化を抑制する市街化調整区域では，原則開発行為は行われない（5.2.2項）．しかし，市街化調整区域にも農地や自然に加えて住宅地区があり，そうした地区での生活の利便性の確保や公共施設を整える要望がある．あるいは，休耕地などが資材置き場や駐車場になるなどがあるが，農地を集約し，緑地を増やすとともに住宅区域の環境の改善が望まれることもある．これらから，まったく行われないのかといえばそうではない（15.1節参照）．

区画整理を行う土地の区域は，前述のように都市計画区域内の土地に規制されるが，それをよくみると，民間施行では"施行地区"とよぶものがあり，土地区画整理事業を施行する土地の区域とされる（区画2条4項）．これに対し，公的施行では"施行区域"といい，都市計画に定められ（区画2条8項），加えて，施行区域の土地の区画整理は都市計画事業として施行しなければならないとの定めである（区画3条の四）．このことから，民間の施行に限られるが，施行地区を定めて事業が許可される場合がある．

▶10.2.6　柔らかい区画整理[16]

換地を内容とする土地区画整理のまとめとして，その特色をあげれば次のことがいえる．

----

① 土地区画整理は，宅地の調整手続きが主であり，旧市街地，新市街地に関わらず用いることができ，あるいは居住空間の整備，都市機能の強化，産業拠点の形成など多様な都市整備に活用できる汎用性がある．

② 公共施設単独の整備では点的，線的改善にとどまるが，土地区画整理は宅地とともに公共施設などの整備が行われ，施行地区や施行区域全体での改善ができる．

③ 公共用地の便益と負担が，一部の人にとど

まるのでなく地区全体で受けとめることができる.

④ 従前の宅地や建物の権利は, 従後も引き継がれ, 原則として事業対象地域から権利者が出ていくことはない. 従前の地域社会や文化・伝統を引き継ぐことができる.

一方, 次の問題点がある.

----

① 権利者が多いとき, 円滑に調整することが難しく, 事業が長引く. また, 宅地の区画形質の改善や公共施設の導入は進むが, 建築物などの整備は権利者に任され, 計画どおりに進まないこともある.

② 事業中に地価が思うほど上がらず, あるいは下がり, 保留地処分による資金確保が計画どおりにいかないことがある. なお, 参考までに事業の収支項目を示せば, 表10.2のとおりである.

表10.2 区画整理事業の収支

収入	支出
保留地処分金	家屋移転補償
国・地方公等補助	宅地の整備費
公共施設管理費	公共施設整備費
その他	その他

とくに, 後段の課題は, 地方都市において深刻である. 人口減・高齢社会, 空き地などの低未利用地のランダムな発生, ライフスタイルの多様化から, 果たして区画整理でまちの整備を効果的に行えるかが問われている. そこで, これまで実施されてきた多数の事業データをもとに調査分析し, その結果として提唱されているのが, 小規模な土地区画整理の活用である[16]. 中心市街地の活性化, 都市再生, コンパクトシティを念頭におき, 通常の土地区画整理手法を改善し, 効果的な事業を行うもので, "柔らかい区画整理" という.

この土地区画整理は, 地域の特性に応じた都市機能の集約, 定住の促進, 防災機能の強化, 市街地の整序化などに用いるもので, 規模は, 1, 2ヘクタールまたはそれ以下で, 地権者などは平均でみれば10人程度であり, 施行者は組合や個人・共同施行が多い. 事業の手順は従来と変わりない.

その中でポイントは, 既成概念にとらわれず, 土地区画整理を柔軟に活用し, 既成市街地の再整備を行うことである. 具体的には, 土地区画整理の基本である換地と減歩についてである. 換地は, 本来, 公平であることを旨として照応の原理が適用される. これに対し, 柔らかい区画整理では, 照応の原理でなく, 一部の土地を集約し, 地権者の申し出があればそこに換地できる柔軟な対応ができる.

また, 公共減歩に関わり, 公共施設の整備における現実を配慮し, スポット的な老朽化への対応として, 公共施設の整備の解釈を柔軟化させたこともポイントである. たとえば, 区画街路の付け替えや隅切りを公共施設に含めるなどがある. あるいは, 公園・緑地で, その整備基準を適用せず, 支障がないと認められる場合は, 公園を設置しないことができるなどの柔軟策もある.

つまり, 土地区画整理を柔軟に行うことができ, あるいは地権者が少人数であることから意思疎通を十分に図り, 転出者を減らせる. また, 小規模区画整理のデータからみれば事業費が軽減でき, 事業期間は平均して2年程度で済む. このコンパクトな土地区画整理を繋ぎ, 身の丈に合った土地区画整理を連携して組み立てることも可能である.

事例では, 敷地の整序化, 公共施設の再配置, 幹線道路に囲まれた市街地の整備, 公共減歩なしの地区整備などがみられる.

10.3 市街地再開発事業

都市の市街地を見渡すと，老朽化した低層の家屋が密集し，宅地は複雑に細分され，かつ公共施設が不備なところも少なくない．これらでは，防災や暮らし，都市活動のうえでの支障が大きく，改善が求められている．

つまり，一定の土地の範囲内の建築物などを全面的に撤去し，新たに不燃の中高層共同建築物を建築し，合わせて公共施設を整備することである．それが市街地再開発事業である．事業の計画には，施行区域，施行者，土地や家屋の権利関係の扱い，事業の進め方，資金計画などが含まれている．

▶10.3.1 都市再開発の方針

都市の再開発は，市街地の計画的な再開発において，土地の合理的かつ健全な高度利用と都市機能の更新のため，都市計画区域の市街化区域の整備または開発を行うことである．その際，人口の集中がとくに著しい東京都特別区の区域，主要な政令市，東京都特別区や大阪市の隣接都市では，基本方針を都市計画に定め，次の2項目を明らかにするように努めている（再開発2条の三第1項）.

一　再開発が必要な市街地に関わる再開発の目標，並びに当該市街地の土地の合理的かつ健全な高度利用，および都市機能の更新に関する方針．
二　市街地のうち，特に一体的かつ総合的に市街地の再開発を促進すべき相当規模の地区や，当該地区の整備または開発の計画の概要．

一方，上記以外の市街化区域では，上記の方針の“二”を明らかにした基本方針を都市計画に定めることができる（再開発2条の三第2項）.

▶10.3.2 事業の方式

市街地再開発事業には，第一種と第二種の2通りの事業方式がある．これは，土地所有などの権利の扱い方の違いによる．

（1）第一種市街地再開発事業

第一種市街地再開発の施行区域については，10.3.4項に述べる市街地再開発促進地域内の土地，または次の条件を満足する土地の区域でなければならない（再開発3条）.

一　高度利用地区，都市再生特別地区，特定用途誘導地区，または特定地区計画等の区域内であること．
二　耐火建築物で，建築面積や敷地面積の合計が区域全体の建築面積や宅地面積のおおむね 1/3 以下であること．
三　十分な公共施設がないこと，土地の利用状況が著しく不健全であること．
四　土地の高度利用を図ることが都市機能の更新に貢献すること．

本事業は，防火建築物が比較的整った区域で，関係権利者の土地所有権などを，再開発建築物の床の区分所有権などに変換する**権利変換方式**である．転出希望者以外は，原則的に施行区域内に従後も多くが残ることができる．

図10.4のように，従前の土地所有者は底地権（土地の借地権が設定されているとき，土地の所有者がもつ所有権）の共有，建築物の共有があり，借地権者には建物の一部の借家権が与えられる．

なお，同じ権利変換方式でも，地上権を設定せず，建築物の所有者全員で底地を共有する方式がある．あるいは，権利者全員が同意すれば，任意の権利変換方式を定めることができる．

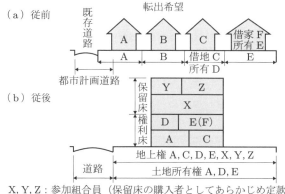

X, Y, Z：参加組合員（保留床の購入者としてあらかじめ定款に定められることにより，一般の組合員と共同して事業を行う人または法人），保留床取得者

（a）従前 （b）従後

（出典：福岡市の都市計画（2000））

図 10.4　第一種市街地再開発事業の権利変換の概念

（2）第二種市街地再開発事業

第二種市街地再開発事業は，第一種の場合の条件一〜四に，次の条件の土地が 0.5 ha 以上であることが加えられる（再開発 3 条の二）.

イ　建築物密集のため災害の恐れが著しく，環境不良である割合が 7/10 以上であること.

ロ　駅前広場や大規模火災等における避難に供する公園などの重要な公共施設で，早急な整備が必要，かつ，当該公共施設の整備と合わせて，区域内建築物および建築敷地の整備を一体的に整備することが合理的であること.

権利変換方式は，関係者の立ち退きが少ない点で望ましいが，調整に手間取ることが多い. これに対し，きわめて環境が悪い区域を含み，あるいは公共性・緊急性が著しく高く，それに応えるために**管理処分方式**を採用するのが第二種市街地再開発種事業である. 施行者が土地や建物を一度買収して事業を進め，従前の権利者が希望すれば，補償金に代えて建築物や敷地に関する権利を部分的に与えるものである.

▶10.3.3　事業の施行者と施行手順

再開発事業の施行者は，個人，再開発会社，市街地再開発組合（宅地の所有権者等 5 人以上），地方公共団体，都市再生機構・地方住宅供給公社であり，土地区画整理事業に類する. なお，個人，組合は第一種のみが施行できる.

市街地再開発事業の手順は図 10.5 のとおりである. 関係する地区の計画内容の都計決定後に，市街地再開発事業の都計決定を行い，基本設計・資金計画を策定して事業認可を受ける. そのうえで，第一種では権利変換計画（再開発72，73 条）を，第二種では管理処分計画（再

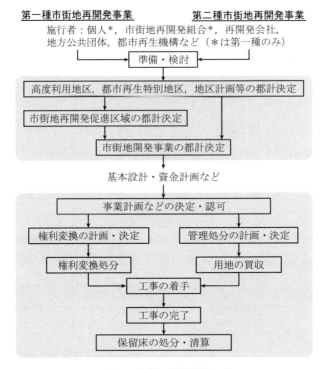

図10.5 市街地開発事業の手順

開発118条の二）を定めて工事を進め，工事完了後に保留地の処分・清算を行って，事業は完了する．

これまでの施行例をみると，個人，組合は住宅などの供給を目的にする事業，地方公共団体は公共施設の整備や防災で緊急を要する事業，再開発会社は民間会社の資金力とノウハウを活用する事業に活用されている．

▶10.3.4 促進区域と予定区域
（1）促進区域

巻末の参考資料の都市計画内容の一覧をみると，地域地区に続いて促進区域がある．促進区域の具体的内容は，表10.3に示す4種類である（都計10条の二）．それぞれが根拠法の関係条項において，決定要件を満たす区域に定めることができる．

これらは，権利者が主体の事業であるが，速やかな施行が求められ，都市計画に促進区域を定めて，その事業を促すものである．

促進区域を都市計画に定める際には，種類，名称，位置，区域といった既定事項に加え，施工区域面積や追加事項（表10.3の右欄）を定め，あるいは定めるよう努める．また，市町村の責務として一定の期間（2～5年）内の施行が求められ，それまでの間，建築は規制され，建築許可権者（都道府県知事等）の許可が必要である．

（2）市街地開発事業などの予定区域

三大都市圏をはじめ大都市地域では，土地を入手し，大規模なニュータウンや工業団地を開発整備する事業が行われてきた．大阪市中心部から12kmに位置する千里ニュータウンや，わが国最大といわれる東京の多摩丘陵の多摩ニュータウンはその例である．

こうした大規模な開発事業では，計画策定に時間を要するが，その間に土地の投機的買い占めが行われ，地価が高騰することなどから，事業の円滑な推進が損なわれる問題があった．これに対処する方策が，都市計画に市街地開発事

表 10.3　4 種類の促進区域の概要

促進区域（根拠法）	施行区域の決定要件	都計に定める追加事項
市街地再開発促進区域 （再開発法）	法 7 条第 1 項：第一種市街地再開発事業の区域で適切と認められること.	公共事業の配置および規模ならびに単位整備区を定める.
土地区画整理促進区域 （大都市住宅等供給法）	法 5 条第 1 項：良好な住宅市街地として一体開発の自然条件を備え，既成住宅市街地に近接し，土地の大部分が建築物等の敷地利用でない. 0.5 ha 以上など[注].	住宅市街地としての開発の方針を定めるよう努める.
住宅街区整理促進区域 （大都市住宅等供給法）	法 24 条第 1 項：高度地区かつ大部分が一種中高層，二種中高層または準住居専用. 土地の大部分が建築物等の敷地利用でない. 0.5 ha 以上など[注].	住宅街区としての整備の方針を定めるよう努める.
拠点業務市街地整備土地区画整理促進区域（地方拠点都市法）	法 19 条第 1 項：良好な拠点業務市街地整備の条件を備えること. 土地の大部分が建築物の敷地利用でない. 2 ha 以上. 商業地域内など[注].	拠点業務市街地としての開発整備の方針を定めるよう努める.

注）詳細は各法の条項で確認すること.

業などの予定区域を定める制度である.

それらは，新住宅市街地開発整備事業，工業団地造成事業，および新都市基盤整備事業の各予定区域，さらに，区域面積 20 ha 以上の一団地の住宅施設，一団地の官公庁施設および流通業務団地の予定区域であり，全部で 6 種類がある（都計 12 条の二第 1 項）.

これらに共通することは，土地買収に基づく事業であるが，都市計画には，種類，名称，区域，施行予定者を定め，区域の面積を定めるよう努めるとしている（都計 12 の二第 2 項）. その場合の注意点は次のとおりである.

① 予定区域が都市計画に定められると，施行予定者は，告示の日から 3 年以内に予定区域に関わる市街地開発事業または都市施設の都市計画を定めなければならない（都計 12 条の二第 4 項）.
② この間，通常の管理行為，災害時応急措置などを除き，予定区域内では土地の形質変更，建築物等の建築は都道府県知事等の許可が必要である（都計 52 条の二第 1 項）.
③ 国が行う事業は，当該の国の機関と都道府県知事等との協議が成立することで許可が

あったとみなされる（都計 52 条の二第 2 項）.
④ 都計決定の告示後は，告示日の翌日から起算して 10 日を経過した日から予定区域としての効力はなくなり，都計事業の段階に入る（15.2 節）. 他方，都市計画が定められなかったときは期間満了の翌日から効力を失う（都計 12 条の二第 5 項）.

10.4　中心市街地の活性化

▶10.4.1　中心市街地の衰退問題

戦後の経済成長とともに，地方の諸都市も拡大し，その中心市街地にさまざまな都市機能が拡充され発展してきた. しかし，これはやがて限界に達し，地価が高騰して用地取得が困難となり，市街地の環境（大気汚染，騒音，日照など）が悪化した. このため，市街地の工場，運輸施設の移転，また病院や大学，文化施設，行政機関までが改築・更新，規模拡大，統廃合などを機に郊外へ相次いで転出した（図 10.6）.

一方，モータリゼーションの進展で，中心市街

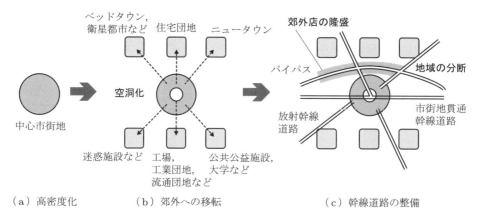

図 10.6　都市の構造変化に伴う中心市街地衰退のイメージ

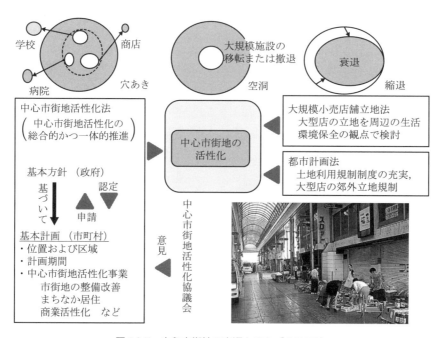

図 10.7　中心市街地の衰退とまちづくり三法

地から離れた郊外地域でのバイパスが整備され，郊外の住宅団地，工業団地の建設，大規模集客施設が展開された．

　これらにより，中心市街地や既存商店街が衰退し，商店街からの大規模商業施設に対する進出反対運動が激化した．このため，「大規模小売店舗における小売業の事業活動の調整に関する法律」が定められた．しかし，これまた進出者のライバルである商工会議所または商工会などの商業活動調整委員会による調整であったことから難航した．加えて，本法に対するアメリカからの非関税障壁批判，WTO の国際ルール違反の疑いがもたれた．このため，同法は廃止され，代わりに**大規模小売店舗立地法**（大店立地法）が制定された．

　この頃の中心市街地衰退の実態は，直接的には図 10.7 の上段の 3 状態である．穴あきは複数の施設建築物の移転，空洞は大規模商業施設の移転や撤退，縮退は市街地周辺部の縮みである．

　都市が拡大して都市成長する時代は，こうした空洞化も，それに代わる開発事業が間をおか

ずに行われ，中心市街地も維持ができた．しかし近年は，代わりの施設や土地利用が簡単でなく，長期に放置される例もみられる．

▶10.4.2 中心市街地活性化事業[17]

前述した中心市街地問題に対する方策は，中心市街地に集客施設を再構築し，都市機能の活性化を図ること，居住者を中心市街地やその周辺に呼び戻すことである．そのため，大規模集客施設の郊外進出を規制することなどがあり，前述の大店立地法に合わせ，**中心市街地の活性化に関する法律**（中活法，1998）の制定，および都計法の改正による，まちづくり三法の成立・改正があった（図10.7）．

中活法2条によれば，都市の中心市街地であって，次の要件に該当するものについて措置を講じるとしている．

一　相当数の小売店業者及び相当程度の都市機能が集積し，市町村の中心的役割を果たしていること．

二　市街地の土地利用や商業活動の状況からみて，機能的な都市活動の確保または経済活力の維持に支障を生じ，あるいは生じる恐れがあること．

三　市街地における都市機能の増進と経済活力の向上を総合的かつ一体的に推進することが，当該都市の機能増進と経済活力向上に有効かつ適切と認められること．

こうした中心市街地について，政府の基本方針のもとに，市町村は**「中心市街地の活性化に関する施策を総合的かつ一体的に推進するための基本計画」**を定めることができる（中活9条）．

この基本計画では，中心市街地の位置や区域を定める．そのうえで，土地区画整理事業，市街地再開発事業，公共施設，都市福利施設の整備，公営住宅や共同住宅の供給事業，中小小売

商業高度化事業，特定商業施設等整備事業など，およびこれらに関わる公共交通機関の利用増進事業を計画している．

一方，都計法では，中心市街地の活性化に寄与するための土地利用に関して，次のさまざまな規制が設けられた．

----

① 都計区域外では農業の規制と連携し，準都計区画を活用する．

② 非線引き都計区域，準都計区域内の用途地域が定められていない地域で，大規模集客施設の建設は原則不可である．

③ 市街化調整区域は，原則としてすべての開発について許可が必要である．

④ 各用途地域で規模に応じた集客施設が可能で，大規模集客施設については原則として商業，近商，または準工業の用途地域における立地である必要がある．

⑤ 地方都市では，準工業地域での大規模集客施設の立地を抑制する特別用途地域などを指定することが基本計画認定の条件である．

さらに，大規模小売店舗の立地に関し，その周辺の地域の生活環境の保持を通じた小売業の健全な発達を図る観点から，大規模小売店舗を設置する者が配慮すべき事項について指針を定め，当該店舗を維持し，運営しなければならないとの定めがある（大店立地4条）．たとえば，深夜営業問題，駐車需要の充足と配置，荷捌施設と経路，防災・防犯，騒音，廃棄物の処理などである．

なお，「大規模小売店舗」とは，一つの建物で，その建物内の小売業店舗床面積の合計が政令または都道府県条例の基準面積（1000 m²）を超えるものである（大店立地2条第2項）．ややこしいが，6.2.1項(4)の大規模集客施設とは異なる．

都市の中心市街地は，商業・業務，居住，文

化・伝統などの機能を有し，都市の要であるが，その活性化に向けて，認定を受けた事業総数は全国の276都市（2022年時点，内閣府）に及ぶ．

10.5 都市再生の緊急整備地域と都市再生整備計画

▶10.5.1 都市再生とその基本方針

地方都市や大都市周辺の住宅地で，小規模な空き家，空き地，中高層住宅の空き室がランダムに発生し，市街地がスポンジのような状況になる現象がみられる．放置すれば，さらなる人口減・高齢化と，前節の中心市街地の空洞化が重なり，都市活力の衰えると予想される．

加えて，情報化，国際化が急速に進む中，高度経済成長期に整備された都市施設が，物理的，機能的に老朽化し，気候変動に伴う自然災害の激甚化と頻発で壊滅的打撃を受け，その強靭化は緊急の課題である．

これらに対処する都市計画上の方策は，地域の実態をもとに都計区域等や区域区分を見直す，的を絞った規制緩和の高度利用地区や特定

街区などを適用するなどが考えられる(6.4節)．

しかし，こうした都市再生策では，即効性に問題があり，既存の都市計画の関係法や枠組みを超える内容を含め，思い切った戦略的な規制緩和やまちづくりの新たな概念，整備手法の導入が求められることがある．法の権限の見直しとも関わり，一律の都市整備でなく，全国の都市の組み立て，地域構造をどう構築するかの国策上の課題であり，その変化に対応した都市機能の高度化や活性化，都市の居住環境の向上を図る**都市の再生**が求められる（2.2.1項）．

都市の再生戦略をどう描き，どう実施するか，この点でさまざまな考えがあるが，都市再生法に基づけば図10.8のとおりである．

全国の都市戦略の指令塔として，内閣に都市再生本部を置き，そこで**都市再生基本方針**が閣議決定される．それに基づいて，各自治体，官民で構成される協議会，民間事業者などが自主的に検討して計画にまとめ，申請して，指定，認可を受け，あるいは財政的支援などを受けて事業を促進する．

表10.4(a)は都市再生基本方針の事項であ

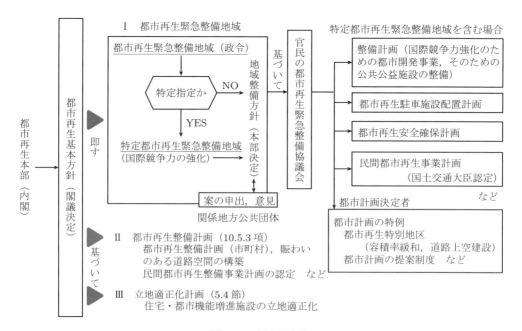

図10.8 都市再生法

表10.4　都市再生基本方針と地域整備

(a) 都市再生基本方針（都市再生14条）

一　都市の再生の意義，目標事項
二　都市の再生で政府が重点的実施する施策の基本方針
三　都市再生緊急整備地域を指定する政令，特定都市再生緊急整備地域を指定する政令の立案の基準その他の基本事項
四　都市再生整備計画の作成に関する基本事項
五　立地適正化計画の作成に関する基本事項

(b) 地域整備方針（都市再生15条）

都市再生地域ごとに本部が定める
一　都市再生緊急整備地域の整備目標（特定都市再生緊急整備地域指定の場合は，都市再生緊急整備地域および特定再生緊急整備地域の整備目標）
二　都市再生緊急整備地域において都市開発事業を通じて増進する都市機能の事項
三　都市再生緊急整備地域の都市開発事業で必要な公共公益施設の設備，管理の基本事項
その他の都市再生緊急整備地域の緊急，重点的市
四　街地整備推進に必要な事項

る．その中に主要施策の3事項が並ぶ．一つは国際競争力の強化を含め，民間の活力を用いながらの都市開発事業が主である「都市再生緊急整備地域・特定都市再生緊急整備地域」である．二つ目は官民の公共公益施設に関する「都市再生整備計画」である．そして，三つ目は「立地適正化計画」であり，これについては5.4節に述べたとおりである．

▶10.5.2　都市再生緊急整備地域

前項をふまえると，都市は国全体の成長を牽引する拠点としての役割があり，それを活かす国づくり，地域づくりが効果的かつ大切である．

国および地方公共団体は，将来を展望し，全国的視野での選択と集中による都市再生の拠点として，都市開発事業を通じ，緊急かつ重点的に市街地整備をすべき都市再生緊急整備地域を定めることができる（都市再生2条第3項）．

なお，**都市開発事業**とは，都市機能の増進に寄与する建築物，その敷地の整備において公共施設（道路，公園，広場など）を伴う事業のこ

とである（都市再生2条第1項）.

また，わが国発展のために，国際交通の拠点機能をより強化し，国際的にみても質の高い生活環境と国際ビジネスの展開が必要である．そのため，国際的活動に関わる居住者，来訪者または滞在者が増加することをふまえ，都市機能の高度化，都市居住環境の向上が求められる．都市再生地域のうち，都市開発事業を通じて，こうした国際競争力がある活動拠点を一層強化する地域を政令で定め，それを**特定都市再生緊急整備地域**という（都市再生2条第5項，図10.8参照）．

具体的には，都市再生緊急整備地域に関する**地域整備方針**を作成するが，その内容は表10.4(b)のとおりである．都市再生緊急整備地域ごとに，都市再生基本方針に即して，当該都市再生緊急整備地域の整備に関する方針を定める（都市再生15条第1項）．

その際の留意点は，大規模地震が発生した場合の滞在者，来訪者または居住者の安全確保を定めなければならない．あるいは，特定都市再生緊急整備地域指定の場合は，その地域内で外国会社，国際機関その他の者による国際的活動の拠点にふさわしい市街地形成を定める必要がある．

さらに，当該都市開発事業の円滑かつ迅速な施工への適切な配慮，公共公益施設整備の促進，特定再生緊急整備地域の産業の国際競争力強化策との連携に努めなければならない．

方針の策定にあたり，関係地方公共団体は，方針内容の案の申し出ができる．また，再生本部で案を決定するときは，関係地方公共団体の意見を聞かなければならない（都市再生15条第5，6項）．

地域整備方針が定まると，それに基づいて官民共同の都市再生緊急整備協議会が，特定再生地域に関して**整備計画**を作成する．これは，国際競争力強化のために必要な都市開発事業，お

よびその施行に必要な公共公益施設に関する整備計画である.

その他に,図10.8に示したように,協議会を通じてさまざまな都市施設や都市再生事業の提案と推進があり,代表的なものは次のとおりである.

（1）都市再生安全確保計画

（都市再生19条の十五）

再生地域で,大規模地震時の滞在者の安全確保のための避難経路,避難施設,備蓄倉庫,非常用電気等供給施設などに関して作成する計画である.

（2）民間都市再生事業計画 （都市再生20条）

民間事業者が,再生地域内で作成する都市開発事業の計画である.再生地域の地域整備方針に定められた都市機能の増進を主目的にして,都市開発事業の土地（水面を含む）の区域（政令で定める規模以上の面積）の再生事業を施行するものである.こうした都市再生事業に関する計画を作成し,国土交通大臣の認定を申請すれば,金融支援を受けることができる.超高層ビルや,ショッピングセンター,複合娯楽施設などの建設に広く用いられている.

（3）都市計画の特例

6.5.1項に述べたように,都市再生緊急整備地域の拠点として,都市計画に都市再生特別地区を定めることができる（都市再生36条）.また,土地の合理的かつ健全な高度利用を図るために,道路と建築物等の敷地の重複利用区域を定めることができ（7.5.3項）,都市再開発法における地区計画内の第一種または第二種市街地再開発事業とみなしてその規定を適用することができる（都市再生36条の二〜五）.

民間都市再生事業計画の例に,旧防衛庁跡地の東京ミッドタウン（東京都港区）がある.これは2007年に完成した,オフィス,住宅,ホテル,商業棟で構成される超高層ビル（地下5階,地上54階）などからなる再開発事業である.

2022年時点で,政令で認定されているわが国の都市再生緊急整備地域は,全国で52地区に及び,うち15地域が特定都市再生緊急整備地域である.

▶10.5.3　都市再生整備計画

まちは,人々が行きかい,集い賑わうのが本来の姿である.そのために,都市計画や都市再生のさまざまな制度を活用して,まちを構成する多彩な施設や建物の一体的な整備と活用が求められる.その中で,都市の再生に必要な公共公益施設の整備などを重点的に実施する区域において,当該都市再生緊急整備地域の地域整備方針に基づき,公共公益施設などに関して計画を作成することが必要である.それが都市再生整備計画であり,市町村が単独または共同で策定するが,その内容は次のとおりである（都再生46条第2項）.

一　都市再生整備計画の区域,面積

二　公共公益施設の整備,市街地再開発事業,防災街区整備事業,土地区画整理事業,住宅施設整備事業などで必要なもの

三　前号の事業と一体で効果増大に必要な事務または事業の事項

四　整備された公共公益施設の適切な管理事項

五　滞在快適性等向上区域

六　計画期間

七　都市再生に必要な公共公益施設の整備等の方針（記載に努める）

これは,市町村の公共公益施設の整備を,特定非営利活動法人など（NPOや一般社団法人,財団法人など）が実施する事業を含めて,まちづくりや社会基盤の整備として捉え,促進するものである.その中での注目は,**滞在快適性等向上区域**である.

すなわち,滞在快適性等向上区域は,滞在者

図 10.9　ウォーカブルなまちなか（ベルリン・ドイツ）

図 10.10　特定都市再生緊急整備地域の民間都市再生事業（福岡都心地域ビジネスセンター）

の滞在や交流促進のために，歩道などの拡幅，都市公園の整備，良好な景観に資する店舗などの建築物の開放を高めることなどを推進し，滞在の快適性向上に必要な公共公益施設などを定める区域のことである（都市再生 46 条第 3 項〜46 条の八）．都市再生法の諸制度および道路法の歩行者利便増進道路（7.5 節），都市公園や広場（8.4.5 項），民間施設や建物などを活用し，滞在者に快適で魅力的なまちなか，賑わいの区間を整備して提供するもので，2020 年の都市再生法の改正で導入がされた．これをウォーカブル推進事業といい，そのコンセプトは，「居心地が良く歩きたくなる空間づくり」である．

　図 10.9，10.10 は，国際都心拠点として高度利用の都心部民間都市再生事業などによる国内外の例である．わが国も，大都市を主にして，駅前地区や都心地区などで，高度利用を図る戦略的な都市開発が活発化している．

第11章

地区計画等による規制と誘導

　地区などで，住民合意に基づいてまちづくりをする際，詳細な地区計画を都市計画に定めて推進するのが，本章で説明する地区計画等である．身近な公共施設の整備，地区のまち並みの形成，建築物の形態・意匠を整える手法として用いられている．

11.1 地区計画等

　第1章で都市の歴史や近代の都市を紹介した．それらの都市を訪ね，路地を歩けば，手入れが行き届いた住宅地，賑わいのまちなか，表現豊かな文化のまち，落ち着いた歴史のまちなどに遭遇する．図11.1もその例だが，そこには互いが助け合うコミュニティがあり，人の手が入り，住民相互の繋がりを感じる．

　第6章に述べた用途地域などの地域地区制度は，確かに都市の秩序形成の基本であるが，人の営みを感じるまちとなればもう一工夫がなければ図11.1のようなまち並みは得られないであろう．たとえば，隣近所における互いの建物などの敷地や形態，意匠，地区内の通路や人のふれあい空間などへの気配りが望まれる．

　しかし，それは個人などが所有する宅地や建物が関係するため，所有者との合意なしには実現できない．そのため，これには，前章までと異なるアプローチが必要であり，各々の住民が協働し，魅力ある地区のまちをどう実現するか，その思いを共有することが望まれる．

　そこで，1980年の都計法の改正で地区計画制度が創設された．住民の意向を反映させ，関係住民や権利者が主体になり，地区のまちづくりをする計画制度の導入である．

　当初の本制度は，地区の特徴に合わせて建物の建築形態を制限し，あるいは道路などの公共施設を整備するにとどまるものであった．たとえば，用途制限を緩和する際，部分的に元の厳しい建築制限を残す場合や，未整備のまま宅地化した地区の使い勝手の悪いアプローチや，建物を整えるために活用された．このため，住民合意が容易に得られず，地区計画の導入は進まなかった．

　そこで，用途地域の制限を緩和する観点からの特例を含む地区の整備計画が導入され，また，市街化調整区域への適用拡大が図られた．加えて，都計法以外の法律により特定の目的や性格をもつ地区計画が導入された．いまでは表11.1に示す5種類の計画があり，これらをまとめて**地区計画等**という．改めてその特色をあげれば次の4点がある．

図11.1　歴史的風致をもつ武家屋敷地区
（現在は幹線道路から入り込んだ第一種低層住居専用地域（容積率60%，建ぺい率40%））（鹿児島県南九州市知覧町）

表11.1　地区計画等と関連法　　　（2022 年度末）

地区計画等（都計 12 条の四）	関連法	地区数
1　地区計画	都計 12 条の五第 1，2 項	8468
再開発等促進区を定める地区計画	都計 12 条の五第 3 項	
開発整備促進区を定める地区計画	都計 12 条の五第 4 項	
2　防災街区整備地区計画	密集 32 条 1 項	39
3　歴史的風致維持向上地区計画	歴まち 31 条 1 項	2
4　沿道地区計画	沿道整備 9 条 1，2 項	50
沿道再開発等促進区を定める地区計画	沿道整備 9 条 3，4 項	
5　集落地区計画	集落 5 条 1 項	16

----

① 地区の区域が身の回りを中心に絞り込まれ，一つ一つの敷地に目が行き届く計画である.

② 地元関係住民などの意見や合意をもとにする計画である.

③ 建築物の形態や環境の枠組みだけでなく，意匠や外柵，植樹などのあり方に踏み込み，個々の敷地へのアプローチや散策路などの末端の地区施設に至る内容を含めることができる.

④ 計画決定主体が市町村であり，条例による地区特性に応じたまちづくりである.

　表に示すように，2022 年度末時点で，全国で 8 千を超える地区の取り組みがある. そのほとんどは 1 の地区計画であるが，他の地区計画

等も活用されている[5].

　地区計画等のうち，本章では，まずは地区計画を述べ，次いで沿道地区計画および集落地区計画を概説する. 防災街区整備地区計画は 14.3.2 項で，歴史的風致維持向上地区計画は 13.4 節で取り上げる.

11.2　地区計画の策定

▶11.2.1　地区計画の定義と適用区域

　図 11.2(a) に例示するように，地区計画は，「建築物の建築形態，公共施設その他の施設の配置などからみて，一体としてそれぞれの区域にふさわしい態様を備えた良好な環境の街区を整備し，開発し，保全するための計画」と定義される.

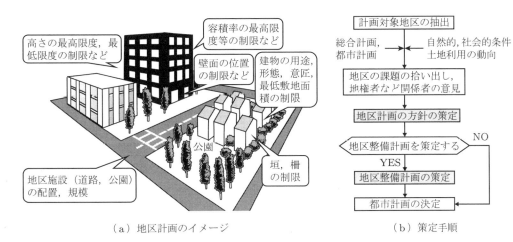

（a）地区計画のイメージ　　　　（b）策定手順

図11.2　地区計画のイメージと策定手順

また，地区計画の策定手順を示せば図11.2
（b）のとおりである．地区計画の方針を定めた
うえで，公共施設，建物の整備，土地利用に関
する具体的な計画として地区整備計画を策定
し，都計決定する．

問題は地区計画をどういった場所に計画する
かだが，都計区域（準都計区域は含まれない）
について，次のいずれかの土地の区域に定める
とされている．

----

① 用途地域の定めがある土地の区域
② 用途地域が定められていない土地の区域
　で，次のいずれかに該当するもの
　　イ 住宅市街地の開発その他建築物もしく
　　　はその敷地の整備に関する事業が行われ
　　　る，または行われた土地の区域
　　ロ 建築物の建築または敷地の造成が無秩
　　　序に行われ，または行われると見込まれ
　　　る一定の土地の区域で，公共施設の整備
　　　状況，土地利用の動向などからみて不良
　　　な街区環境形成の恐れがある区域
　　ハ 健全な住宅市街地で良好な居住環境な
　　　どの街区が形成されている区域

つまり，用途地域の区域内はどこでも地区計
画を定めることができる．その一方，用途地域
以外では，イ〜ハを集約すると，住宅市街地開
発の区域，スプロール化やスポンジ化など不良
な街区環境の形成が心配される区域，逆に良好
な住宅環境の保全が必要な区域が地区計画適用
の要件である．

地区計画の区域の規模は特段の規則はない．
0.5 ha程度の小規模なものから複数の街区まで
さまざまに及んでいる．図11.3は，152 haと
大規模な新市街地の地区計画であり，図11.4
は6.5 haの田園風景をなす住宅地の地区計画
の例である．

図11.3　地区計画（152 ha）のもとに整備された職・
住・遊が融合する埋立地の新市街地

図11.4　周囲の田園風景に調和する居住環境の地区計
画（6.5 ha）の一部でまち並み環境整備事業
が推進された地区

▶11.2.2　地区計画の策定内容

都市計画に定められている地区計画の内容
を，表11.2に示す．これをまとめれば以下の
とおりである（都計12条の五第2項）．

----

① 地区計画等の種類，名称，位置，区域，区
　域面積，施行区域の面積
② 地区施設，建築物の整備，土地利用に関す
　る地区整備計画
③ 当該地区計画の目標
④ 当該区域の整備・開発・保全の方針

破線アンダーラインは，当該の地区計画とし
て都市計画に定める必要があり，それ以外は定
めるように努めるものである．

また，**地区施設**は，地区計画の中で定める道
路や公園，避難施設・避難路などの施設であり
（都計12条の五第2項一号），都計法11条の
都市施設（4.2.2項）を別にして加えるもので

表11.2 地区計画の計画書と計画図の事例

名称	位置	面積　ha
区域の整備・開発および保全の方針	地区計画の目標	地区のまちづくりや市街地環境の整備などの目標を定める.
	土地利用の方針	施設誘導や歩行公共空間の創出など，地区の土地利用の方針や目標を定める.
	地区施設整備方針	歩行者通路や憩いの広場など，地区施設の整備方針や目標を定める.
	建築物等整備方針	良好なまちづくりのため，建築物などに関して，用途や形態・意匠，緑化などの方針・目標を定める.

地区整備計画	面積	ha
	地区施設の配置・規模	必要に応じて，身近な道路，公園，広場などの配置および規模を定める.
建築物などに関する事項	建築物の用途制限	用途の混在を避け，建築してはならない建築物を具体的に定める.
	壁面位置の制限	壁面位置の後退，あるいは工作物の設置制限などで良好な外部空間を確保する.
	建築物等の形態・意匠	建物の形態や意匠をまとまりのあるものにして，まちの景観に配慮する.
	緑化,垣・柵など	緑化率の定めや，緑化の推進，生垣などを定めて，まち並みの形成を図る.

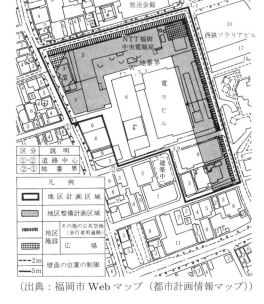

(出典：福岡市Webマップ（都市計画情報マップ））

ある.

②の**地区整備計画**では次の事項を定めることができる（都計12条の五第7項).

一 主として街区内居住者などが利用する地区公共施設の配置および規模

二 建築物に関する事項：用途制限，<u>容積率の最高限度または最低限度</u>，建ぺい率の最高限度，敷地面積または建築面積の最低限度，壁面の位置制限と工作物の設置制限，建築物等の高さの最高限度<u>や最低限度</u>，建築物の形態や意匠の制限，垣や柵の構造制限などで，必要なもの

三 樹林地，草地の保全

四 現に農地で農業と調和した居住環境に必要な土地の形質変更などの制限

五 その他の土地利用の制限

地区計画は，表11.2のように，「区域の整備・開発及び保全の方針」と，「地区整備計画」をセットにして都市計画に定められる．しかし，その区域の全部または一部で，地区整備計画を定めることができない特別の事情があるときは定めなくてよいとされている（都計12条の五第8項).

▶11.2.3　市街化調整区域における地区計画

前節のように，用途地域が定められていない市街化調整区域や非線引き都計区域の白地でも地区計画は定められる．しかし，市街化調整区域では十分な配慮が必要であり，市街化を抑制

する主旨を損なってはいけない．このため，前項の地区整備計画に関する"二　建築物に関する事項"において，実線アンダーラインを付す事項は市街化調整区域では除かれる（都計12条の五第7項）．

また計画基準では，「市街化区域における市街化の状況などを勘案して，市街化調整区域の地区計画の区域の周辺における市街化を促進することがないなど，当該都市計画区域における計画的な市街化を図るうえで支障がないように定めること」とされている（都計13条第1項15号のイ）．

つまり，市街化調整区域の既存集落や住宅団地では，ゆとりある緑の環境の維持，居住者のための利便施設の整備を目的とした地区計画が考えられる．あるいは，既存の幹線道路などを活かし，農と住が調和し，防災に十分配慮し，観光やレクリエーションに役立てることもできる．

▶11.2.4　再開発等促進区，開発整備促進区を定める地区計画

地区計画の区域において，大規模施設や工場の跡地，老朽化した住宅団地など，低・未利用地を有効に活用しながらの利用転換が求められるところがある．そうした地区の整備や開発を推進する地区計画として，再開発等促進区や開発整備促進区を定めるものがある．

（1）再開発等促進区（都計12条の五第3項，13条第1項十五号のロ）

再開発等促進区は，「用途地域を定めた土地の区域で，土地の合理的かつ健全な高度利用を図るため，適正な配置および規模の公共施設を整備し，都市機能の増進を図るための一体的・総合的な市街地再開発または開発を行う区域」である．この場合，田園および一，二種の低層住居地域では，本促進区周辺の低層住宅に関わる良好な住宅環境の保護に支障のないことが必

要である．

（2）開発整備促進区（都計12条の五第4項，13条第1項十五号ハ）

劇場，店舗，飲食店その他の広域にわたり影響がある大規模な集客施設（特定大規模建築物）の建設は，用途地域における商業系と準工業地域以外で厳しく規制されている．しかし，表11.3に示す条件に該当する土地の区域の地区計画については，特定大規模建築物の整備による商業などの利便増進のため，一体的かつ総合的な市街地の整備を実施する区域として**開発整備促進区**を都市計画に定めることができる．

なお，二種住居と準住居地域では，開発整備促進区の周辺住宅に関わる住居の環境保護に支障ないように定める必要がある．

上記二つの促進区（1），（2）に関する地区計画では，11.2.2項に述べた各項目に加え，道路や公園その他の施設（都市計画施設，地区施設を除く）の配置・規模，土地利用に関する基本

表11.3　再開発等促進区と開発整備促進区の適用条件

	再開発等促進区 （都計12条の五第3項）	開発整備促進区 （都計12条の五第4項）
一	現に土地の利用状況が著しく変化しつつあり，または変化すると見込まれる区域	同左
二	土地の合理的かつ健全な高度利用のため，適正な配置・規模の公共施設整備が必要な区域	特定大規模建築物の整備による商業・業務の利便増進のため，適正な配置・規模の公共施設整備が必要な区域
三	区域内の土地の高度利用のため，都市機能の増進に貢献する区域	区域内の特定大規模建築物の整備による商業・業務の利便増進が都市機能増進に貢献する区域
四	用途地域が定められている区域	二種住居地域，準住居地域もしくは工業地域，または用途地域が定められていない区域（市街化調整区域を除く）

方針のうち，必要な事項を定めるよう努めることが求められる（都計 12 条の五第 5 項）．その際，「当面，公共施設等の整備の見込みがないときや特別の事情があるときは，上記の道路や公園などの配置・規模を定めることを要しない」と定められている（都計 12 条の五第 6 項）．

▶11.2.5 特例の定めがある地区整備計画

前項の地区計画の内容に加え，地区の現状および計画，整備状況に応じ，地域地区や建築基準法上の建築物の形態などの規制を部分的に緩和し，あるいは弾力的に用いて，特例の定めがある地区整備計画を定めることができる．

表 11.4 は，各地区計画等でどのような特例扱いがあるかをまとめたものである．図 11.5 および表 11.5 は，その概要と関係法を示す．

（1）誘導容積型の地区整備計画

都市では，土地利用の有効利用が求められるものの，公共施設が十分でない地区がある．そうしたところでは，用途地域に対する指定容積率は定められているが，公共施設が未整備なことから，実際はそれよりかなり少ない値の容積率の適用にとどまる地区がある（6.2.2 項，図 11.5(a) の A）．

そこで，土地所有者などが，共同で道路用地を提供することを前提に公共施設の整備を地区整備計画に定めれば，公共施設整備後の建築物の容積率の最高限度（目標容積率という）を指定容積率の範囲で引き上げることができる．

すなわち，図 11.5(a) の B のように，公共施設が未整備なときの容積率と公共施設整備後の容積率（目標容積率）の二つが明示される．このとき，関係者から，目標容積率のもとでの建築計画が申請されれば，地区計画に合致しているか，交通，防災，安全，衛生などで問題ないかなどを確認し，問題がなければ，特定行政庁からの認定が得られる．このしくみで土地の有効利用を図ることが誘導容積型地区整備計画である（表 11.5 の(1) 参照）．

この地区計画は，老朽化した低層家屋密集市街地で，公共施設を整備しつつ建築物の建て替えを促し，居住環境の改善を図る場合に用いることができる．あるいは，農地が存在する市街化区域内で計画的に公共施設を整備し，良好な市街地形成を図る場合などへの活用が可能である．

（2）容積適正配分型の地区整備計画

図 11.5(b) に示すように，容積適正配分型は，用途地域内の適正な配置および規模の公共施設を備えた土地の区域において，区域を区分し，

表 11.4　地区計画等における特例事項をもつ地区整備計画

地区計画等		誘導容積型	容積適正配分型	高度利用型	用途別容積型	まち並み誘導型	立体道路制度	大規模建築物
1 地区計画	地区計画	○	○	○	○	○	○	―
	再開発等促進区	○	―	―	○	○	○	―
	開発整備促進区	○	―	―	―	○	○	○
2 防災街区整備地区計画		○	○	―	○	○	○	―
3 歴史的風致維持向上地区計画		―	―	―	―	○	―	―
4 沿道地区計画	沿道地区計画	○	○	○	○	○	○	―
	沿道再開発等促進区	○	―	―	○	○	○	―
5 集落地区計画		―	―	―	―	―	―	―

注）○は，1 の地区計画は都計法 12 条の六～十二により，2～4 は各々の法律の定めにより，当該特例事項の定めが
　　可能であるものである．

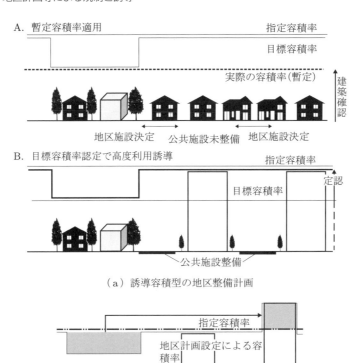

（a）誘導容積型の地区整備計画

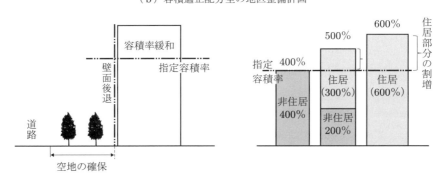

（b）容積適正配分型の地区整備計画

（c）高度利用型の地区整備計画　　（d）用途別容積型の地区整備計画の例

図11.5　特例が定められている地区整備計画のイメージ

総容積の範囲で各々の容積率の最高限度等を地区整備計画に定めるものである.

換言すれば, 区域内のある区分の最高容積率の限度を低く抑え, その分を他の区分に加えることができる. 配分先は, 地区整備計画とその条例で容積率および敷地面積の最低限度, 壁面の位置の制限などを合わせて定める必要がある.

（3）高度利用型の地区整備計画

適正な配置・規模の公共施設を十分に備える区域で, 合理的かつ健全な土地の高度利用と都市機能の更新のための制度である. 図11.5（c）に示すとおりで, 「建築物の容積率の最高限度および最低限度, 建ぺい率の最高限度, 建築面積の最低限度, 空間確保が必要な道路に面する壁面の位置の制限」が定められる.

この特例では, 容積率の制限や斜線制限が適用除外となって緩和される一方で, 道路に接する空地の確保ができる. これは, 前節の再開発

表11.5 特例の定めがある地区整備計画

タイプ	根拠法[注1]	地区整備計画		
		対象区域	適用目的	主な内容
(1) 誘導容積型	都12条の六 建68条の四 密32条の二 沿9条の三	適正な配置・規模の公共施設が未整備で、土地の有効利用が図られていない区域	区域特性と公共施設整備に応じて土地の合理的な利用の促進を図る.	目標容積率、暫定容積率.
(2) 容積適正配分型	都12条の七 建68条の五 沿9条の三	用途地域内の適正な配置・規模の公共施設を備えた土地の区域	建築物の容積を適正配分し、区域特性に応じた合理的な土地利用の促進を図る.	土地の区域を分け、用途地域に関わる建築物の容積率と区域面積に基づく合計内で、各容積率の最高限度.
(3) 高度利用型	都12条の八 建68条の五の三 沿9条の四	用途地域内(低層、田園を除く)の適正な配置及び規模の公共施設を備えた土地の区域	合理的かつ健全な高度利用と都市機能更新を図る.	容積率や建ぺい率の最高限度・最低限度、建築面積の最低限度、壁面位置の制限.
(4) 用途別容積型	都12条の九 建68条の五の四 密32条の3 沿9条の5	区域特性に応じ、住宅と住宅以外の用途を適正配分し、合理的な土地利用の促進を図る区域	住宅部分の容積を緩和し、立地誘導を図る.	全部または一部を住宅用途に供する建築物の容積率の最高限度を、その他の建築物の数値以上に定める
(5) まち並み誘導型	都12条の十 建68条の五の五 密32条の四 沿9条の五	区域特性に応じた高さ・配列・形態、工作物の設置制限などを規制し、建築物形態を緩和して統一的まち並み誘導の区域	壁面の位置などを制限し、適切な幅員道路を確保し、良好な市街地環境の形成を図る.	壁面位置の制限、壁面後退区域の工作物の設置制限、建築物の高さの最高限度.
(6) 立体道路制度	都12条の十一 建44条第1項 道路47条の十七	道路の上空または路面下で建築物等の建設が適正と認められるとき、道路区域のうち建築物等の敷地を含む区域	道路の区域のうち、建築物等の敷地を含む良好な市街地環境の維持を図る.	当該道路の区域のうち、建築物等の敷地と合わせて利用する区域、建築または建設の限界であって空間または地下の上下の範囲
(7) 大規模建築物	都12条の十二 都13条第1項十五号ハ	開発整備促進区で特定大規模建築物の整備が合理的土地利用にとくに必要と認められ誘導または供する区域	特定大規模建築物[注2]の整備による商業や業務などの利便を増進し、当該都市機能の増進に貢献.	特定大規模建築物[注2]の敷地として利用する区域

注1) 都 = 都計法. 建 = 建基法. 密 = 密集市街地法. 沿 = 沿道整備法.
注2) 特定大規模建築物とは、劇場、店舗、飲食店等に類する用途に供する大規模な建築物(床面積1万m²超)のこと.

等促進区に類する内容だが、公共施設の整備を伴うものでなく、土地の高度利用を図り、建物の更新を進める点で違いがある.

(4) 用途別容積型の地区整備計画

中心市街地における空洞化に対処するための地区計画であり、地区整備計画において、住宅と住宅以外に分けて土地利用を促進するものである.

本地区は、主旨からして用途地域における三つの住居地域、二つの商業系地域および準工業地域に適用が限られている. 各々の地域の建築物で住居部分をもつ場合の容積率の最高限度を、用途地域に対応する指定容積率の1.5倍の範囲以内で定めることができる.

たとえば、図11.5(d)に示すように、指定容積率を400%とすれば、非住居建物は400%の

ままだが，建物のすべてが住居の場合 600％まで認められる．下の半分 200％を非住居にし，残りを住居として 200％の 5 割増しを適用すれば，非住居 200％・住宅 300％の 500％となる．

（5）まち並み誘導型の地区整備計画

　商店街や住宅地，あるいは通りなどに沿って，建築物などの配列や形態を整え，有効な土地利用を図る地区整備計画である．

　地域特性に応じた建築物の配列や高さ，配列，形態を整えた建築物が合理的な土地利用の推進や良好な環境の形成，つまり，まち並みの誘導が必要と認められるとき，建築物の壁面位置の制限，壁面後退区域における工作物の設置制限，建築物の高さの最高限度を定める（都計 12 条の十）．また，それらのことについて市町村が地区計画建築条例で定めた場合である（建基 68 条の二）．敷地内に有効な空地が確保されていることなどから，特定行政庁が交通，安全，防火及び衛生に支障ないと認めるものは，前面道路幅員による容積率制限と斜線制限の適用を除外できる（建基 68 条の五の五）．

（6）立体道路制度の地区整備計画

　地区整備計画に，道路と建築物の重複利用区域を設定する立体道路制度の適用が可能である．道路空間と建築物等とが合体して土地の利用が可能な区域で，道路の上空または路面下に建築物などの建設または建築が適切と認められるとき，当該道路の区域のうち，建築物等の敷地として合わせて利用する区域を地区整備計画に定めることができる．

　その際，建築物等の敷地を含む良好かつ安全な市街地環境の維持のために，通常の地区整備計画の諸内容に加え，建築物等の建築限界の空間についての上下の範囲を定めなければならない（7.6.3 項参照）．

（7）大規模建築物の地区整備計画

　11.2.4 項の開発整備促進区の地区整備計画では，土地利用の基本方針に従い，土地利用変化後の区域特性に応じて適正配置された特定大規模建築物（表 11.5 の注 2 参照）の敷地に用いる土地の区域を定めることができる．ただし，促進区の周辺住居環境に支障のないように定める必要がある．

　以上は，個々の特例型であるが，必要に応じてそれらを組み合わせて適用することも可能である．たとえば，東京都港区汐留西地区（5.5 ha，商業地域）は，誘導容積型とまち並み誘導型の組み合わせである．札幌市札幌駅前通北街区（7.3 ha，商業地域）は，高度利用型とまち並み誘導型の組み合わせである．

▶11.2.6　地区計画等の案の作成など

　地区計画等の作成を進めるにあたり次の 3 点に注意が必要である．

（1）地区計画等の案の作成

　地区計画等は，市町村が決定主体の都市計画である．地区計画等の作成手続きに関する市町村条例に従い，当該区域における土地所有者などの利害関係者の意見をもとにして案を作成する（都計 16 条第 2 項）．あるいは，条例に，住民または利害関係者から地区計画等の案の内容となる事項を申し出る方法を定めることができる（都計 16 条第 3 項）．

（2）一団地の認定制度

　建基法では，一つの敷地に一つの建築物が建てられるとの原則で接道条件などの諸制限が定められている．また，一つの敷地内に二つ以上の構え（家屋）をなす建築物を総合設計する場合，これらの建築物を一敷地にあるとみなし，接道条件，容積率，外壁の後退距離，道路斜線制限，日影規制などが適用される．しかし，このことも敷地内の建物すべてが同時に整備されることが前提である．

　これに対し，地区整備計画（集落地区整備計画を除く）が定められている区域のうち，地区

施設の配置，規模および壁面位置の制限が定められている区域では，一敷地内に二以上の構えをなす建築物の総合設計について工区を分けて建築できる（建基86条第7項）．

地区計画等の区域内において，建築物などの敷地や構造などが市町村条例で定められる中で，壁面位置の制限が定められている区域も同様の扱いである．

これらに従えば，幹線道路に面していない土地の所有者も，幹線道路に面する場合と同じ扱いとなり，開発利益が得られる．また，一団の敷地で容積の移転ができ，さらに実施時期に対する自由度がある．

（3）土地の区画形質の変更，建築などの届出

（都計58条の二）

地区計画の区域（再開発等促進区もしくは開発整備促進区，または地区整備計画が定められている区域に限る）内で，土地の区画形質の変更，建築物の建築，工作物の建設等を行う者は，当該行為の着手30日前に市町村長に届け出なければならない．その際，地区計画に適合しないと認められるとき，市町村長は必要な措置を勧告できる．

なお，通常の管理行為や非常災害時の応急措置，国・地方公共団体が行う行為，都市計画事業の施行などは届出不要である．

11.3 沿道地区計画

自動車交通量の増大と車両の大型化から，都市幹線道路の沿道域で騒音がひどい区間があり，騒音を防止して適正な土地利用を図るため，幹線道路の沿道の整備に関する法律（1980）が定められた．都道府県知事が，国土交通大臣との協議・同意を得て沿道整備道路を指定し，沿道地区計画を策定し，良好な市街地，住環境を確保するものである．土地の利用状況が著し

く変化しつつあり，あるいは変化が見込まれる区域に「沿道再開発等促進区」を都市計画に定めるが，その内容は11.2.4項の再開発等促進区に同じである．

11.4 集落地区計画

集落地域とは，集落と周辺の農地を含む一定地域のことであり，その要件は次のとおりである（集落3条）．

----

① 営農条件，居住環境の確保に支障の生じる恐れがある地域であること
② 農業の生産条件と都市環境を整備し，適正な土地利用を図る必要がある地域であること
③ 相当規模の農用地があり，かつ良好な営農条件の確保が認められる地域であること
④ 当該地域内に相当数の住居等があり，かつ公共施設の整備状況からみて良好な居住環境地域としての整備が相当と認められること
⑤ 市街化区域以外の都計区域内で，農業振興地域内にあること

こうした地域で，都道府県知事が定める集落地域の整備・保全の基本方針に基づき，営農条件と調和させて居住環境の確保を図り，集落地域にふさわしい地区の整備・保全のため，集落地区計画を都市計画に定めることができる（集落5条）．

地区計画としての基本事項に加え，集落地区計画の目標，区域の整備や保全の方針などを都市計画に定めるよう努めるが，地区整備計画は次の諸事項である．

----

① 主に居住者等が利用する集落地区施設の配

置及び規模

② 建築物の用途制限，建ぺい率の最高限度，高さの最高限度，意匠の制限など

③ 現存する樹林地・草地で良好な居住環境の保全

　注意点は，適用が市街化調整区域または非線引き都計区域の白地における地区計画であるこ

とである．15.1.4 項の技術基準を満足し，市街化調整区域ではさらに立地基準に適合しなければならない．調整区域内の建築物の建築に関し，開発許可を受けてからの確認申請となるが，集落地区計画区域内は地区整備計画に適すれば許可が得られる（都計 33 条第 1 項五号(ホ)，34 条十号）．

第12章

環境基本計画と環境アセスメント

　都市はつねに経済発展と向上が求められるが，それが持続可能であるためには，自然環境を適正に維持し，快適な都市環境を形成することが大切である．本章では，その主要な施策である環境基本計画と都市計画事業の環境アセスメントについて説明する．

12.1　変遷する都市の環境問題

▶12.1.1　公害問題から環境問題へ

　都市には多くの人々が集まり，そこではさまざまな活動が行われている．それらが適正な内容と規模，秩序を保ち，自然環境と調和していれば問題はない．しかし現実には，人々の活動が健康被害をもたらしたり，自然破壊に繋がったり，生活環境を損ねたりすることがある．

　わが国では，戦後，高度経済成長期に工業都市を主にして重化学工業の発展に取り組んだ．その際，工場からの排出物が原因で，大気汚染，水質汚濁，土壌汚染が起こり，住民に健康被害をもたらした．

　とくに，コンビナートの煤煙が原因の四日市ぜんそく，カドミウム中毒のイタイイタイ病，熊本および新潟における有機水銀中毒の水俣病は，1970年代の四大公害である（産業公害型環境問題）．

　1960年代以降では，新幹線や高速道路の建設，空港の新設・拡張，大規模住宅団地や工業地の造成，沿岸域の埋め立てなどの大規模プロジェクトが相次いだ．これらは経済成長の証だが，その一方で自然破壊，生態系へ悪影響をもたらした（大規模プロジェクト型環境問題）．

　また自動車の急速な普及から，その排気ガスによる大気汚染，交通騒音が深刻化した．航空機や鉄道の騒音，船舶からの廃油の海洋汚染などもある．ビルの給水や空調による大量の地下

図12.1　公害から環境，気候変動へ

水のくみ上げと枯渇，地盤沈下にも悩まされた（交通・ビル型環境問題）．

市街地が密集したことによる日照権，カラオケボックス，工場などの騒音で，近隣住民相互によるトラブルが頻発した．生活排水や産業廃棄物が河川の水質汚濁や地下水汚染や悪臭を招いたこともある（生活型環境問題）．

都市を覆い尽くすコンクリートやアスファルト，高層建築物が原因で，市街地が温度上昇することで，局所的集中豪雨に見舞われる現象は，いまも続いている（都市型環境問題）．

つまり，当初の特定企業の公害問題は，コンビナート，大規模な社会資本整備，交通や生活の環境問題へと変遷し，都市や地域の事業プロジェクトのあり方を問い，都市整備に大きな影響を及ぼしている．

そして，これらを追うように，公害対策基本法，個別公害に関わる法律（大気汚染防止，騒音規制，水質汚濁防止，振動規制の諸法）が定められ，同時に，環境行政を担当する環境庁が発足した．いずれも 1970 年前後のことだが，その後に環境保全に関わる**環境基本法**（環基法，1993）が制定され，公害対策基本法は統合された．合わせて，大規模事業に関わる**環境影響評価法**（アセス法，1997），そして**循環型社会形成推進法**（循環社会法，2000），**生物多様性基本法**（生物多様法，2008）が定められ，環境に関わる法体系が充実した．また，環境庁は環境省となった（2001 年）．

▶12.1.2　深刻化する地球温暖化問題

都市地域の環境問題に対する住民の厳しい糾弾，行政や企業の絶え間ない取り組み，環境に関わる制度の充実および環境技術の発展から，従来型の公害や環境問題は確かに沈静化しつつある．それでも，これまでの経緯をふまえると，環境問題に終わりはなく，今後も油断できない．

最近では，都市や地方の環境に加え，地球規模の環境問題がクローズアップされている．たとえば，気候変動は，生態系，自然，人類へと悪影響を及ぼす．正常な大気が包み込む中で暮らす人類に対し，無秩序な活動を戒めるように，気候型環境問題が顕著になりつつある．

地球規模の温暖化が世界共通の課題として突き付けられ，それに対処する地球温暖化対策法（1998）が定められた．そして，気候変動は今後も長期に拡大する恐れがあることから気候変動適応法（2018）が制定された．環境問題も遂にこうした適応策に踏み込む段階に至ったかの感があり，その取り組みとして気候変動による被害の防止と軽減，健全な生活，社会・経済の良好な展開，自然環境の保全が強く求められている．

12.2　環境基本計画

かつて，公害が著しい地域，および人口・産業が集中し，公害が深刻化する恐れがある地域に対して，公害防止基本計画（旧）が策定された．その後，都道府県や政令市を中心に環境施策全般に拡大した環境管理計画が策定されたが，環境基本法の成立で，環境問題への取り組みが本格化した．それによれば，

- 環境の恵沢と継承
- 環境への負荷の少ない持続的発展が可能な社会の構築
- 国際的協調による地球環境保全の積極的推進

を基本理念に，総合的かつ計画的に環境問題に関する施策の推進が強く求められている（環基 3～5 条）．

また，この基本理念に従い，

- 人の健康保護，生活環境の保全，自然環境
  の適正保全を図り，大気，水，土壌その他
  の自然的構成を良好に保持
- 生物の多様性確保とともに，地域条件に応
  じて自然環境の体系的保全
- 人と自然との豊かな触れ合い

を重んじる各政策を総合的・計画的に行うとの
指針である（環基 14 条）．

そのうえで，環境関係法，地方公共団体の環
境条例に基づいて，都市計画の上位計画として，
国，都道府県，市町村の各々で環境基本計画が
策定されている（図 12.2）．そのうち，都道府
県の計画は，市町村の範囲を超える広域的な施
策および市町村間の施策における総合調整の意
味をもち，市町村は具体的な環境施策を展開し
ている（環境 36 条）．

図 12.3 は，地方公共団体における最近の環

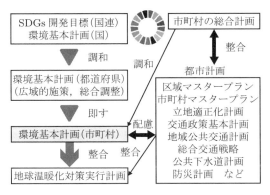

図 12.2 環境基本計画の位置づけ

I 計画の基本事項
　計画策定の背景
　計画の位置づけ，
　期間
　計画の構成

→

II 環境像，環境目標
　環境保全・創造の
　都市像
　基本目標

III 施策の展開方向
　1 脱炭素社会への移行
　2 生物多様性地域戦略
　3 循環型社会の形成
　4 安全・安心の生活環境
　　の形成
　5 国際環境協力の推進
　6 環境人づくり　など

→

施策を受けた
個別プロジェクト
一覧

IV 推進体制と進行管理

図 12.3 環境基本計画（市町村）の例

境基本計画を例示する．環境像および目標を描
き，脱炭素社会，生物の多様性，循環型社会，
生活環境などの施策展開の方向を明らかにし，
具体的なプロジェクトを展開している．計画期
間は 5〜10 年が多い．

また，最近の環境基本計画における注目は，
その包括的な目標として「SDGs 未来都市」を
掲げる例がよくみられることである．この
SDGs は，2015 年の国連サミットにおける 2030
年を期限にするアジェンダの持続可能な開発目
標（sustainable development goals, SDGs）
のことである（表 12.1）．17 ゴール・169 ター
ゲットで構成されている．

貧困や飢餓に始まり，地球環境に関わる項目
が多く並び，それらを環境政策の行動目標とし

表 12.1　SDGs の 17 ゴール

1 貧困をなくそう	10 人や国の不平等をなくそう
2 飢餓をゼロに	11 住み続けられるまちづくりを
3 すべての人に健康と福祉を	12 つくる責任つかう責任
4 質の高い教育をみんなに	13 気候変動に具体的な対策を
5 ジェンダー平等を実現しよう	14 海の豊かさを守ろう
6 安全な水とトイレを世界中に	15 陸の豊かさも守ろう
7 エネルギーをみんなに，そしてクリーンに	16 平和と公正をすべての人に
8 働きがいも経済成長も	17 パートナーシップで目標を達成しよう
9 産業と技術革新の基盤をつくろう	

て環境計画に取り組むものである．また，よくみれば，SDGs そのものに社会・経済・環境の3視点があり，必要に応じてその一部だが，環境に限らない環境未来都市や地方創成への活用が可能な内容が含まれている．

さらに，ごく最近では13番目の気候変動に注目が集まっている．それは，前述した地球の温暖化問題であり，「人の活動に伴って発生する温室効果ガスが大気中の温室効果ガスの濃度を増加させることにより，地球全体として，地表，大気および海水の温度が追加的に上昇する現象」が顕在化しているからである（地球温暖化政策の推進に関わる法律2条）．

温室効果ガスは，二酸化炭素，メタン，一酸化炭素および4種類の代替フロンのことである．これらの大気への放出が温暖化を促し，熱中症のみならず，海面の上昇や高潮，異常気象による洪水，農水産物への悪影響，生態系の変化を引き起こし，その深刻さが増すことはあってもなくなることはない．地球温暖化対策は，全人類がその存続をかけて取り組まなければならない重要課題である．

12.3 環境アセスメント

深刻化する環境問題に立ち向かい，持続可能な都市を整備し保全するためには，都市計画に関わる事業について，環境への影響を調査し配慮する必要がある．このため，アセス法に基づいて，環境に重大な影響が懸念される大規模な市街地開発や都市施設事業について環境影響評価（以下，環境アセスメントまたは環境アセスという）を実施し，人への健康被害や自然への悪影響がなく，快適で持続可能な都市形成が求められる．

▶12.3.1　環境影響評価の対象事業[18]

アセス2条第1項によれば，環境アセスメントとは，「事業の実施が環境に及ぼす影響について環境の構成要素に係る項目ごとに調査，予測及び評価し，その過程で事業に関わる環境の保全の措置を検討し，措置が講じられた場合の環境影響を総合的に評価すること」と定義されている．

この点で，問題は環境への影響が懸念される事業とは何かである．都市計画でいえば，土地の形状の変更，都市施設の新設・増改築，市街地開発事業の実施などで，規模が大きなものである．

事業は，**第一種事業**と**第二種事業**に分けられる．前者は規模が大きく環境への影響が著しくなる恐れがある事業で，必ず環境アセスを実施しなければならないものである．後者は第一種事業に準ずる規模で，都市計画の構想段階で，環境アセスが必要か否かを各々の事業で事前に判定するものである（アセス2条第1，2項）．

表12.2は都計事業以外も含め，アセス施行令の別表第一に提示される第一種事業および第二種事業の一覧である．全部で13種類があり，これらに港湾計画が加わる．

しかし，現実はこれらだけではない．各都道府県や指定都市などでは，表の事業以外にも，より小規模な事業を含めるものや，表以外の事業（ごみ焼却場，ゴルフ場など）を条例で定めることが多い．このことから，法に基づく事業の環境影響評価を**法アセス**，条例で追加される事業に関わるものを**条例アセス**とよぶ．

環境アセスメントの進め方や手順はいずれも同じである．したがって，以下は理解のために別表の法アセスに関わるもののみを念頭において説明する．

▶12.3.2　環境アセスメントの進め方

環境アセスは，事業者が責任をもって行うこ

表 12.2　環境アセスメントの対象事業[18]

事業		第一種事業	第二種事業
1 道路	高速自動車国道新設 首都高速道路等新設 一般国道 林道の開設	すべて 4 車線以上 4 車線以上，10 km 以上 幅員 6.5 m 以上，20 km 以上	———— ———— 4 車線以上，7.5～10 km 幅員 6.5 m 以上，15～20 km
2 河川	ダム，堰 放水路・湖沼開発	貯水・湛水面積 100 ha 以上 土地改変面積 100 ha 以上	貯水・湛水面積 75～100 ha 土地改変面積 75～100 ha
3 鉄道	新幹線鉄道 普通鉄道・軌道	———— 長さ 10 km 以上	———— 長さ 7.5～10 km
4 飛行場		滑走路延長 2500 m 以上	滑走路延長 1875～2500 m
5 発電所	水力発電所 火力発電所 地熱発電所 原子力発電所 太陽電池発電所 風力発電所	出力 3 万 kW 以上 出力 15 万 kW 以上 出力 1 万 kW 以上 すべて 出力 4 万 kW 以上 出力 1 万 kW 以上	出力 2.25～3 万 kW 出力 11.25～15 万 kW 出力 7500～1 万 kW ———— 出力 3 万～4 万 kW 出力 7500～1 万 kW
6 廃棄物最終処分場		面積 30 ha 以上	面積 25～30 ha
7 公有水面埋立・干拓		面積 50 ha 超	面積 40～50 ha
8 土地区画整理 9 新住宅市街地開発 10 工業団地造成 11 新都市基盤整備 12 流通業務団地造成 13 宅地造成の各事業		面積 100 ha 以上	面積 75～100 ha
港湾計画（港湾アセスの対象）		埋立・堀込み面積の合計 300 ha 以上	

とである．しかし，都市計画に定める事業は，「都市計画決定権者が事業者に代わり，都市計画決定の手続きと合わせて行う」との特例扱いである（アセス 38 条の六～46 条）．これは，環境アセスと都計決定の間での矛盾した判断を防ぐためである．また，都市計画に定められる事業について，後述の環境アセスにおける評価書が環境面から都市計画案の合理性，妥当性を判断する図書に加えられるとの考えによる．

上述をふまえれば，都市計画における環境アセスと都計決定を同時に行う手続きは，図 12.4 のとおりである．環境アセスとして求められる手順を左寄りに，都計決定の手続きを右寄りに示す．事業の早期計画段階から事業完成に至る全過程で実施され，それを配慮書→方法書→準備書→評価書→報告書とたどり，概要を述べれば，以下のとおりである．なお，都市計画決定権者は，環境アセスの手続きを行うにあたり，事業者に必要な協力を求めることができる（アセス 46 条）．

（1）配慮書の作成

第一種事業の早期計画段階で，事業の位置・規模を選定する際や，第二種事業においてアセスの要否を検討する際に，自然の動植物や生態系などに関し，最新の既存資料などに基づいて環境への影響に関する配慮事項を検討する必要がある．

この段階は，何もしないゼロ代替案と複数の実際的代替案を比較しながらの環境アセスメントであり，環境面と経済面・社会面からの総合

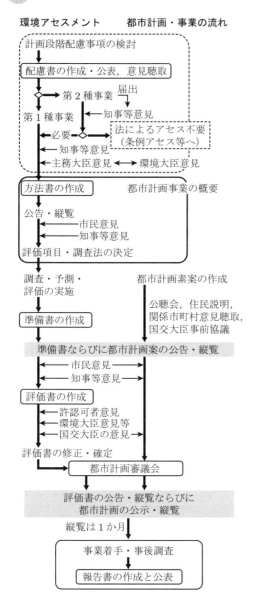

図 12.4　都市計画事業の環境アセスメント

判断が求められる.

　以上を考慮して, 計画段階の環境アセスメントを行うが, そのうえで, 第一種事業では, 計画段階で環境保全に関して配慮する事項を取りまとめ, 配慮書を作成する.

　第二種事業では, 検討結果を知事に届け出, 意見をふまえて, 実施段階の環境アセスメントが必要か否かを判断し, 必要ならば第一種事業と同様に配慮書を作成する.

（2）方法書の作成

　上述の配慮書をもとに環境アセスメントに必要な項目を選定すれば, 複数ある事業計画は事業の場所や規模を絞ることができる.

　表 12.3 に土地区画整理事業の場合を例示する. まず, 当該事業の影響要因とそれから受ける恐れがある環境要素の項目を選ぶ. そのうえで, 事業に際してそれぞれの項目をどのように調査し, 予測し, 評価するかを取りまとめる. これが方法書の作成である. ここでは, 関係知事や市長の意見を聞き, また説明会や公告・縦覧に付し, 市民や専門家の意見を広く聞く必要がある.

（3）環境アセスメントの実施と準備書の作成

　方法書に基づいて環境の各項目を実態調査する. 動植物や生態系のように長期に及ぶ調査もあることから, 通例は 1 年以上の調査期間を要するが, 環境への影響が明らかになれば, それに従って事業の実施や完了後の将来を推測し, 項目ごとの環境基準による評価が行われる. 基準に対して問題がある場合は, 環境の保全策を検討して取りまとめ, また, 事業者の見解をまとめる. それが環境アセスメントの準備書である.

　一方, この間, 準備書を反映させ, かつ事業の必要性や経済性, 安全性などを含め, 総合的な判断に基づいて, 都市計画に定める内容の計画が作成される.

（4）評価書の作成

　準備書および都市計画案は, 合わせて公告し縦覧に供する. 縦覧は 1 か月間行われ, 意見書は縦覧満了の翌日から 2 週間までの間に提出できる. この点, 通常の都計決定の場合と異なる（4.2.2 項参照）.

　見直しがあれば, 補正や再評価などの手続きを経て措置し, 市民意見などを十分に把握する. そうした評価書を協議に付し, 都市計画案, それに対する意見書の要約とともに, 都計審で審

表12.3 環境影響評価の項目の選定（土地区画整理事業の例）

環境要素の区分	影響要因の区分	工事の実施				土地, 工作物	
		雨水の排水	造成工事	建設機械稼働	資材機械運搬車	敷地の存在	構造物の存在
自然的構成要素の良好な保持	大気質（粉塵）			○	○		
	騒音			○	○		
	振動			○	○		
	水質（濁り）	○					
	土壌（重要地形, 地質）						○
生物の多様性, 自然保全	動物（重要種, 生息地）						○
	植物（重要種, 群落）						○
	生態系（特徴的生態系）						○
人と自然の豊かな触れ合い	景観					○	○
	豊かな触れ合い活動の場					○	○
環境負荷	廃棄物（工事副産物）		○				
放射線量（相当の流出・拡散の恐れがある場合）		(○	○	○	○)		

（1993 建設省令第 13 号の別表第一参考項目）

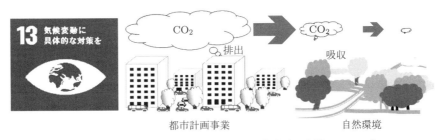

図12.5 持続可能な自然環境のもとでの都市計画事業のイメージ

議され，都計決定の手続きが進められるが，環境アセスメントの評価書はその結果である．事業の許認可を行う者や環境大臣の意見を聞き，必要な補正を行い，都計決定の告示・縦覧，環境アセスの公告・縦覧を1か月間行い，その後に認可を受けて事業に着手する．

（5）事業着手後の事後点検と事後報告書の作成

事業着手後は，環境保全のうえで問題がないかどうかをフォローアップし，それをまとめたものが事後報告書である．これは，事業に問題がないかの確認とともに，改善や今後の維持管理，さらには同種の事業計画に役立てることを意図してのことである．

要するに，大規模な都計事業では，図12.5に示すように，持続可能な自然環境の自浄作用のもとで，気候変動への対応を強く意識して，早期の計画段階から，都計決定を行い，事業実施，事後に至る全過程で環境への影響を把握し検証することが大切である．

第13章

景観と歴史的風致のまちづくり

住民は，まちの景観に関心が高い．また，自然とともに，歴史的風致など，都市の文化や地域の特色にも注目している．本章では，そのための景観や歴史的風致のまちづくりや保全のための施策の展開と推進について説明する．

13.1 都市の景観と景観行政

▶13.1.1 都市の景観

都市あるいはまちづくりは，単に空間を建物などで埋めるだけではない．各々のまちにおける固有の歴史や文化遺産，自然環境などを活用することを前提として，都市の質を向上させることが重要である．その際，キーワードは景観である．

景観に類する用語として，景色，風景，光景，眺望などがある．8.3.1 項で述べた風致地区の風致もそれに類する．それぞれ多少のニュアンスが異なるところはあるが，都市計画ではそれらも含めて広義の意味で景観を使う．

景観の「景」を眺めの対象と解釈すれば，ありのままの自然風景，人の手による建造物の景があり，その中間の造形物や自然と人の手を加えた景がある．さらにいえば，都市には，それらが多彩に混じり合う遠近の景がある．

一方，「観」は，人々が何らかの価値意識をもって景を観賞することである．未知への憧れ，興味を繋ぐ物語，魅力に思う感動，やすらぐ観賞など，さまざまに意味なす観がある（図13.1）．

こうした景と観から，景観の意味は限りないほどに多彩である．その中でまちづくりに求められるものは，「良好な景観」であり，"良好な"との形容詞が付く（景観法）．良好でない景観，

図 13.1　美しい庭園景観

地域やまちにそぐわない景観は望まれない．このため，都市の整備にあたり，その景観が良好かどうかの判断が必要であるが，人や地域，場面などが複雑に絡んでのことであるから確定的な判断は難しい．

モノトーンとカラフルな色彩，単純と複雑な造形，洋風と和風の建物，古いまち並みとモダンなまち並みなど（図13.2），どれも，時と場合，状態により，"良い"，"悪い"に評価される眺めがある．

同じ建造物でもその周りや背景が市街か自然かなどで相反する評価になる．夜景やライトアップ，晴天や雨天，四季折々などの演出で良悪の判断が変わる．

こうしたことから，都市計画に際して住民の多数が共感する「良好な景観」をまとめ，その概念や特徴を述べることは難しい．このため，個々のまちや事物に対するあいまいな判断にならざるをえない．

（a）武家屋敷の景観（長崎県島原市下の丁）

（b）現代都市の景観（福岡市博多区駅前通り）

図 13.2　歴史のまちと現代の都市

▶**13.1.2　景観関係法の整備**

　わが国では，四季折々の地域自然を大切にする景観，海原や山々の眺め，安らぎを覚える故郷などを心象風景として，心の中に刻み込み，地域景観意識を育む土壌や文化がある．このためか，まちの景観に関心を抱く人も多い．

　通りを軸に整形された武家屋敷，城をシンボルとする城下町，個々の人々が風情・風流を楽しむ庭園景観がある．その一方で，街道沿いに賑わう宿場町，静かで安らぎあるたたずまいの寺町などもある．

　これらは，各々の都市やまちで形成された景観そのものだが，前項に述べたあいまいな景観の概念から，それらをどう理解し，まちづくりにどう組み込むかは明確ではない．

　そうした中，1970 年頃になると，行政も都市景観に関心をもち，多くの地方自治体で景観条例や美しいまちづくり条例が定められ，景観室などの部署が設けられた．

　一方，法の整備については，いち早く屋外広

告物法（1949）が定められた．また，時を同じくして文化財保護法（文化財法，1950）が制定され，その 1975 年の改正で伝統的建造物群保存地区の導入が図られ，2004 年の改正で文化的景観が加えられた．この間，古都法（1966）が定められ，そして景観法（2004）の制定と，これに関わる都計法，建基法，屋外広告物法などの景観に関わる諸法の改定が行われた．さらに，2008 年，「地域における歴史的風致の維持及び向上に関する法律」（歴まち法）の制定があり，これで，景観全般に関わる法体系が確立されたといえる．

　以上をふまえ，本章は景観のまちづくりに関わる五つの主要施策を説明する．一つ目は景観法に関してで，景観計画，景観建造物などや景観地区などである．二つ目は，国として貴重な古都に関わる歴史的風土の保存であり，三つ目は歴史的風致向上計画などである．そして，四つ目は重要文化的景観および伝統的建造物群保存地区であり，五つ目は屋外広告物の概説である．

13.2　景観計画と景観地区

▶**13.2.1　基本理念**

　都市とそれを取り巻く農山漁村の「良好な景観」は，美しい風格ある国土の形成，潤いある豊かな生活環境の創造および個性的で活力ある地域社会の実現に不可欠である（景観 1 条）．しかし，13.1.1 項に述べたように，都計法や景観法などの諸法に景観あるいは良好な景観の定義はなく代わりに景観法 2 条で，次の 5 項目にわたる良好な景観の基本理念が述べられ，これらが景観を考える礎である[19]．

----

①　良好な景観は，国土形成と生活環境の形成に不可欠で，国民共有の資産であり，現在

及び将来の国民がその恵沢を享受できるように，その整備及び保全が図られなければならない．

② 良好な景観は，地域の自然，歴史，文化などと，人々の生活，経済活動などとの調和により形成される．このことに鑑み，適正な制限の下で景観に調和した土地利用を行い，景観の整備，保全が図られなければならない．

③ 良好な景観は，地域固有の特性と密接に関連することに鑑み，地域住民の意向をふまえ，地域の個性や特色を伸ばす多様な景観の形成が図られなければならない．

④ 良好な景観は，観光などの地域間交流に大きな役割があることに鑑み，地域の活性化に資するよう，地方公共団体，事業者および住民により，その形成に向けて一体的な取り組みがなされなければならない．

⑤ 良好な景観の形成は，現存する良好な景観の保全だけでなく，新たな景観の創出も含むことを旨として行われなければならない．

まとめると，良好な景観は，国民共有の資産であり，それに調和した土地利用を行い保全することで，地域の活性化に資するとの理念のもとに形成され，また新たに創出されるものである．

▶13.2.2　景観計画の策定

景観に対して多様な価値判断がある中で，景観行政を推進するには，それを誰が，どこで，どのように行うかが問われる．実行するのは**景観行政団体**である（景観7条第1項）．指定都市，中核市，及び都道府県と協議して同意を得た市町村については当該市町村が，それ以外は都道府県が景観行政団体となり，適正な制限のもとに景観行政を推進する定めである．

具体的な景観計画区域は，「都市，農山漁村

が一体になって景観を形成している地域として以下のいずれかの区域」のことである（景観8条第1項）．

----

① 景観の保全が必要な区域

② 地域の自然，歴史，文化などからみて景観形成が必要な区域

③ 地域間の交流拠点で交流促進のために景観形成が必要な区域

④ 住宅市街地開発などで建築物や敷地整備が行われまたは見込まれる区域で，景観創出が必要な区域

⑤ 土地利用の動向から，放置すれば不良な景観形成の恐れがある区域

そのうえで，良好な景観形成の方向性を示し，国土計画または地方計画，および重要公共施設（道路，河川，鉄道，港湾，空港など）に関する国の計画との調和を図ることが求められる．また，環境基本計画をふまえ，将来の都市像を含めた景観像を明らかにすることが必要である．

次いで，地域の特性区分（都心，市街地，周辺地域，あるいは土地利用別や，海辺，歴史・伝統など）と，景観対象の項目区分（自然，樹木，建築物，工作物，公共施設，屋外広告物など）に基づいて，景観のあり方の基本方針を定

表13.1　景観計画の内容（景観8条第2項）

1 景観計画の区域
2 良好な景観形成のための行為の制限事項
3 景観重要建造物，景観重要樹木の指定方針（必要な場合）
4 次項のうち良好な景観形成に必要なもの 　イ 屋外広告物の表示，掲示物件の設置制限事項 　ロ 景観形成上の景観重要公共施設の整備事項 　ハ 景観重要公共施設の許可基準であって，良好な景観形成に必要なもの 　ニ 景観農業振興地域整備計画策定の基本的事項 　ホ 国立又は国定公園を含むとき，自然公園法の許可の基準であって，景観形成に必要なもの
5 その他省令で定める事項

める.

さらに，個別の景観地域を拾い出し，各地区における具体的な景観対象に関する規制または誘導，整備などを策定すれば，それらの内容が景観計画である（表 13.1 参照）.

この景観計画における都計区域および準都計区域に関わる部分は，景観区域の計画を策定し，公聴会などの住民意見を反映させ，都計審の意見を聞いて定める必要がある（景観 9 条）.

▶13.2.3 景観形成に必要なもの

景観計画の区域内に，景観形成に重要な建造物，樹木，公共施設などがあり，その指定を誰がどのように行うかは次のとおりである.

建築物の形態意匠や工作物の種類，樹木の容姿や種類などについては，できるだけ具体的に指定の考え方を示すことが望ましい．道路などの公共の場から望むことができる重要な建造物および樹木は，景観重要建造物，景観重要樹木に指定できる（景観 19 条第 1 項，28 条第 1 項）．この景観対象は，景観行政団体の長が景観計画の指針に従い，また所有者の意見を聞き指定するものである.

一方，道路や河川，都市公園，津波防護施設，海岸，港湾，漁港などの公共施設についても，良好な景観形成に必要なもの（景観重要公共施設）を整備事項に指定できる（景観 8 条第 2 項四号ロ）．たとえば，シンボルロード，道路の舗装や電線共同溝，あるいは緑豊かな都市公園の占用物件に関して，形態や意匠の景観への配慮を求めるなどである.

景観計画の策定は，区域全体あるいは区域を分けて，前述の建造物，樹木，公共施設の重要景観の対象とその整備，保全，管理に関することである.

指定された建造物や樹木は，所有者や管理者が適切に管理しなければならない．しかし，場合によっては，景観行政団体または景観整備機構（景観行政団体の長が認定の一般社団法人など，景観 92 条）が，その所有者全員と管理協定を締結し，管理することもできる（景観 36 条）.

なお，文化財法で指定または仮指定されている国宝，重要文化財など，あるいは特別史跡名勝天然記念物，史跡名勝天然記念物は，文化財として景観法よりも厳しい現状変更の規制を受ける．このことから，それらは景観重要建造物，景観重要樹木として指定する意味はなく，景観法は適用しないとされている（景観 19 条第 3 項，28 条第 3 項）．ただし，各自治体の条例ではこの点の扱いに違いがある.

▶13.2.4 景観地区と準景観地区の指定

（1）景観地区

市町村は，都計区域あるいは準都計区域内において，良好な景観形成のために景観地区を都市計画に定めることができる（景観 61 条）.

この景観地区は，都計法上の地域地区の一つである．良好な景観が形成され保全する地区，逆に市街地などで景観上問題がある地区に対して適用できる．あるいは，良好な景観形成で環境向上が期待される住宅地や開発事業などでの新たな景観の創出が必要な区域への適用もある.

都市計画で定める景観地区に関する事項は，以下の内容である.

----

① 地区計画の種類，位置，区域，面積，および建築物の形態意匠の制限

② 建築物の高さの最高限度または最低限度，壁面位置の制限，建築物の敷地面積の最低限度

③ 良好な景観を形成するために必要な規制として，工作物の形態意匠などの制限（景観 72 条第 1 項），条例に定める開発行為の制限（景観 73 条第 1 項）

なお，"形態意匠" とは，意匠法 2 条を参考にすれば，建築物等の形態，模様，色彩，これらが結合する風情である．開発行為の制限は 15.2 節に述べる．

ちなみに，2023 年 3 月末時点の状況（国土交通省）は，全国合計で景観行政団体 806，景観計画策定団体 655 で，景観地区 56 の指定である．

（2）準景観地区

観光地や温泉地，門前町，農山漁村など，都計区域および準都計区域外の地域でも良好な景観を形成している一定の区域がある．こうしたところに対し，景観の維持，増進を図るため，景観地区に準じた準景観地区の制度がある（景観 74 条）．市町村がこれを指定するときは，その旨を公告・縦覧に付し，都道府県知事と協議して同意を得なければならない．また，条例で良好な景観の保全に必要な規制ができる（景観 75 条）．

▶13.2.5　建築物等の形態規制など

（1）建築物等の形態意匠の制限

地区計画等の区域内における建築物等には，地域の特性を活かした良好な景観の具体的な形成を図ることが求められる．つまり，地区計画等の地区整備計画で，建築物等の形態意匠の制限が定められている区域について，「当該地区計画等において定められた建築物等の形態意匠の制限に適合すること」を条例に定めることができる（景観 76 条）．その際の形態意匠の制限は，建築物の利用上の必要性や土地利用状況等を考慮して区域特性にふさわしい良好な景観の形成を図るため，合理的に必要と認められる限度で行うことである．

（2）景観協定の締結

景観計画区域内の一団の土地において，住民が自らの手で景観の形成を図るため，土地所有者など関係者全員の合意のもとに自主的に景観

形成の協定を結ぶことができる（景観 81 条）．具体的には，区域，建築物や工作物の位置，規模，構造，形態意匠，広告物の表示や設置，樹林地等の保全と緑化などのうち必要な事項である．

13.3　歴史的風土保存地区

わが国では，「歴史上意義を有する建造物，遺跡等が，周囲の自然的環境と一体をなして古都の伝統と文化を具現し，形成している」地域がある（古都 2 条）．その恵沢を享受し，継承するため，「古都における歴史的風土の保存に関する特別措置法」（古都法，1966）が制定された．奈良市，天理市，橿原市，桜井市，斑鳩町，明日香村，京都市，鎌倉市，逗子市，大津市の 8 市 1 町 1 村を「古都」とし，国土交通大臣が歴史的風土保存区域を指定して，歴史的風土保存計画を定める（古都 4 条第 1 項）．

内容は，保存区域内の行為の規制，保存に必要な施設整備，歴史的風土特別保存地区の指定基準，土地の買入に関することである．また，歴史的風土保存区域の枢要な部分を構成する**歴史的風土特別保存地区**を都市計画に定めることができる（古都 6 条第 1 項）．

歴史的風土保存区域（特別保存地区を除く）では，通常の管理行為などを除き，建築物の建築，工作物の築造，宅地の造成，土地の開墾や形質変更，土石類の採取，木竹の伐採などは，府県知事または指定都市の市長への届出が必要である（古都 7 条）．また，特別保存地区では，府県知事等の許可を受けなければ，上記と同じ内容の行為を行うことはできない（古都 8 条第 1 項）．

なお，奈良県高市郡明日香村については，歴史的風土保存区域に指定されるとともに，特別に「明日香村における歴史的風土の保存及び生

（a）主な古都の地図（近畿地方）

西暦	遷都の時期
645	難波長柄豊崎宮（大阪市）
667	近江大津宮（大津市）
673	飛鳥浄御原宮（明日香村）
694	藤原京（橿原市）
710	平城京（奈良市）
784	長岡京（向日市，長岡京市，京都市）
794	平安京（京都市）

（ ）内は現在の市町村名

（b）古都の変遷

（c）平城京の朱雀門

図 13.3 古都の変遷

活環境の整備等に関する特別措置法」（明日香法，1980）が制定されている．これは，飛鳥地方に，わが国で初めて律令国家が形成され，政治・文化の中心であったこと，および明日香村全域が前述の特別保存地区に及ぶことから，農家の多い住民生活との調和のために都市化が進むことを抑える必要があることによる．

　歴史的風土の保存上枢要部分を構成し，"現状の変更を厳に抑制し，その状態において歴史的風土の維持保存を図る地域"が**第一種歴史的風土保存地区**である．また，"著しい現状の変更を抑制し，歴史的風土の維持保存を図る地域"が**第二種歴史的風土保存地区**である．第一種に比べてやや緩和されている．また，これらは古都法7条の二の特別保存地区の特例である．第一種は大官大寺跡・飛鳥寺跡・岡寺・橘寺・高松塚古墳・石舞台古墳などの重要区域であり，それ以外の地区は第二種である．

13.4 歴史的風致のまちづくり

　古都以外にも，全国の都市には，神社仏閣，武家屋敷，町屋，宿場町などの歴史的な建造物やまち並みが多い．それらでは工芸品や伝統的行事が継承され，人々の生活や暮らしにとけ込み，風情を醸し出し，あるいは地域の観光資源として活用されている．しかし，近年では高齢社会や人口減少が進み，折角の歴史遺産やまち並み，伝統行事も後継難で消滅の恐れが懸念されている．

　もちろんこれまでも，文化財保護法（文化財法），景観法，都計法などの活用で，歴史遺産などに配慮したまちの整備が行われてきた．しかし，文化財法は，重要文化財，史跡名勝天然記念物，建造物などそのものの保護を主にしている．景観法，都計法や屋外広告物法（13.5節）は，内容別の制限・誘導を個別に行うに過ぎない．このため，歴史資産などとその周辺のまちづくりの一体性が必ずしも十分でなく，ちぐはぐなこともある．

　そこで，文化財保護と景観に関わる諸内容が連携する歴史のまちづくりのため，「地域における歴史的風致の維持及び向上に関する法律」（歴まち法）が制定されたが，その骨子は，歴史的風致維持向上計画の作成と地区計画による

歴史のまちづくりである.

▶13.4.1 歴史的風致維持向上計画

歴まち法1条によれば，歴史的風致は「地域における固有の歴史および伝統を反映した人々の活動と，その活動が行われる歴史上価値の高い建造物およびその周辺の市街地とが一体になって形成してきた良好な市街地の環境」である．この歴史的風致を，ハード，ソフトの両面で維持・向上させる施策をまとめるものが歴史的風致維持向上計画である（歴まち5条第1項）．

歴史的風致維持向上計画は国が基本方針を定め，そのもとに市町村が作成する．そこでは"歴史的建造物とその周辺市街地，伝統的行事・文化・工芸産業"を明らかにし，その維持向上を図るとの方針の下に，重点区域と歴史的風致形成建造物を定め，歴史のまちづくりを推進する（歴まち5条第2項）．

その際，重点区域の要件は次のとおりである（歴まち12条第1項）.

----

① 次のいずれかの土地の区域およびその周辺の土地の区域であること
  • 文化財法により重要文化財，重要有形民俗文化財または史跡名勝天然記念物の指定を受けた建造物（重要文化財建造物など）の用に供される土地の区域
  • 文化財法により選定された重要伝統的建造物群保存地区内の土地の区域
② 当該区域において歴史的風致の維持および向上を図るための施策を重点的かつ一体的に推進することがとくに必要と認められる土地の区域

なお，**歴史的風致形成建造物**とは，重点区域の歴史的風致を形成し，その維持向上のために保全が必要と認められる建造物である．2023年までに認定された向上計画の認定は，全国で90都市に達している.

▶13.4.2 歴史的風致維持向上地区計画

歴史的風致維持向上地区計画は，「歴史的風致にふさわしい用途の建築物などの整備および当該区域内市街地の保全を総合的に行う必要がある地区の計画」である．地区計画等（11.1節）の一つとして次の諸区域に定めることができる（歴まち31条）.

----

① 相当数の建築物等の建築，用途が変更され，または変更が確実な区域
② 区域の歴史的風致の維持向上に支障をきたし，またはきたす恐れがある区域
③ 区域の歴史的風致の維持向上と土地の合理的・健全な利用が，都市の健全な発展・文化の向上に貢献する区域
④ 用途地域が定められている区域

また，地区整備計画の内容事項は，計画の種類などの基本事項に加え，以下における①は定め，②～④は定めるよう努める.

----

① 主に街区内の居住者，滞在者などが利用する道路，公園等（都市計画施設を除く）の地区施設及び建築物の整備ならびに土地利用に関する計画（歴史的風致維持向上地区整備計画）
② 歴史的風致維持向上地区計画の目標
③ 当該区域の土地利用の基本方針
④ 区域の整備および保全に関する方針

さらに，当該地区計画の地区整備計画には，11.2.5項(5)のまち並み誘導型を定めることができる．加えて，区域内での土地の区画形質の変更，建築などの届出などは11.2.6項(3)に述べるとおりである.

▶13.4.3　重要文化的景観

文化的景観とは，「地域における人々の生活または生業および当該地域の風土により形成された景観地でわが国民の生活または生業の理解のため欠くことのできないもの」と定義される（文化財2条第1項五）．

また，この文化的景観について，都道府県または市町村の申し出で，国が「景観計画の区域または景観地区（13.2.4項）内の文化的景観において，都道府県または市町村が保存措置を講じているものの中でとくに重要なもの」を選定でき，それが**重要文化的景観**である（文化財134条）．

図13.4は重要文化的景観の一例であるが，官報によれば，2022年時点で全国71件の重要文化的景観が選定されている．農山漁村あるいはその集落が織りなす風景が多いが，城下町，鉱山町，温泉町，港町，門前町の景観などとまちに関わるものもある．

選定を受けた場合，現状の変更またはその保存に影響を及ぼす行為は，行為の30日前までに文化庁長官に届け出る必要がある（文化財139条）．

▶13.4.4　伝統的建造物群保存地区

「周囲の環境と一体をなして歴史的風致を形成している伝統的な建造物群で価値の高いもの」を**伝統的建造物群**という（文化財2条第1項六号）．

文化財法の改正（1975）で，その伝統的建造物群およびそれに一体をなして価値を形成している環境を保存するための伝統的建造物群保存地区（以下，伝建地区）の制度が設けられた．これを受けて市町村では，伝建地区を条例に定め，当該地区の保存のために必要な措置を定めている（文化財142，143条）．

すなわち，伝建地区内では，通常管理や軽易なものなどを除いて，次の場合は教育委員会あるいは市町村長の許可が必要である（文化財施行令4条）．

----

① 建築物等の新築・移転または除去
② 建築物等の修繕，模様替え，色彩変更による外観の変更
③ 宅地の造成などの土地の形質の変更，木竹の伐採や土石類の採取
④ その他の現状変更の行為で条例に定めるもの

その中で，都計区域または準都計区域では，伝建地区は地域地区の一つとして定めることができる（都計8条第1項十五号，同第2項）．また，伝建地区において，その全部または一部で，とくに価値の高い地区を**重要伝統的建築物群保存地区**として国（文科大臣）が選定する（文化財144条）．申し出によるが，建築物だけでなく門や塀，石垣，邸園，樹木，水路などをも

図13.4　教会をシンボルとする熊本県天草市﨑津・今富の重要文化的景観

（a）宿場町（三重県亀山市の重伝建地区 – 関宿）

（b）城下町（大分県杵築市の重伝建地区 – 北台南台）

図 13.5　歴史のまち

特定され，保存が図られている．

　図 13.5 および図 11.1 は重要伝建地区の例である．北海道から沖縄まで 43 道府県 104 市町村の 126 地区があり，総面積は 4 千 ha 超に及ぶ（2021 年 8 月）．城下町，武家町，宿場町，門前町，寺町，港町，商家町，製磁町，漁村，山村など，意匠に優れたもの，旧態をよく保持するもの，地域的特色が顕著なものなどを基準に選ばれている．

13.5　屋外広告物の規制

　近年，情報通信や照明技術の発達や大規模な国際イベントの開催を機会に，屋外広告物の規制が浸透し，屋外広告塔や派手な壁面看板，張り出し看板などは減少した．それでも，立看板やポスター，広告板の放置，老朽化した広告塔や危険な建植看板などがまちの景観を損ね，公衆に危害を及ぼすこともあり，これらに対処する法律が屋外広告物法である．

　屋外広告物は，「常時または一定期間継続して屋外で公衆に表示されるもの」で（屋外広告物 2 条第 1 項），「良好な景観形成・風致の維持，または公衆に対する危険防止」を目的に，屋外広告物の表示等の禁止，制限（許可），あるいは設置・維持基準などが定められている．

屋外広告物法をガイドラインにした都道府県の条例だが，その内容の概略は次のとおりである（屋外広告物 3～6 条）．

- -

① 良好な景観または風致を維持するため，屋外広告物の表示・設置に関し，広告物の表示または掲出物件の設置を禁止することができる．
　• 禁止地域＝住居専用・田園住居・景観地区・伝建地区，重要文化財等の周辺地域，保安林，道路，鉄道などまたはその接続地域，公園・緑地・古墳・墓地，その他特に指定する地域など．
　• 禁止物件＝橋梁，街路樹，銅像・記念碑，景観重要建造物・景観重要樹木，その他特に指定する物件など．

② 広告物等の表示・設置は，道路・鉄道などの用地および沿線地域，河川・湖沼・山などおよびその付近の区域，さらに港湾・空港・駅前広場やその付近の区域で知事が指定する地域や場所においては，知事の許可を受けなければならない．

③ 広告物等の形状，面積，色彩，意匠などを，看板の種類別（はり紙，立看板，置看板，広告幕，突出広告，野立広告）に規格化し，許可基準または提出物件の基準を定めることができる．なお，景観計画（13.2.2 項）

に上記のことが定められているときは，そ
れに即さなければならない.

第14章 安全・安心で人に優しい まちづくり

　人口減・高齢社会において，大規模災害や犯罪を防ぎ，安全・安心に暮らせる都市づくりは大切である．また，バリアフリーやユニバーサルデザインといった人に優しい都市整備が強く求められている．本章では，これらのまちづくりについて説明する．

14.1 都市災害

　安全・安心で人に優しいまちづくりに防災，防犯，UDのまちの3テーマがある（図14.1）．まずは防災のまちづくりについて考える．

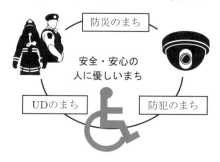

図 14.1　安全・安心で人に優しいまち

▶14.1.1　避けられない大規模な都市災害

　わが国は，海に囲まれた火山列島である．山が多く，わずかにある平坦な土地も地盤が軟弱な沖積地や中山間地域，盆地などであり，多くの都市が，河口などの扇状地，沿岸域や湖沼の埋立地，山裾の斜面地や谷間の開発地をかなりの規模で有し，また，断層帯に位置することさえある．これらから，地震や台風，豪雨，火山噴火，津波などの襲来で土砂崩壊，洪水などを引き起こし，尊い人命が失われ，家屋，都市施設などに深刻な被害がもたらされることもしばしばである（図14.2）．

　事実，戦後に限っても，わが国は，焦土と化した中での枕崎台風（1945），昭和南海地震（1946）を皮切りに，1970年頃まで，死者行方不明者だけで千人を超える多くの大規模自然災害が続いた．このため，しばらくは戦災と自然災害からの復興が重なる苦難が強いられたが，その努力と高度経済成長に伴う都市整備で，台

（a）地震で倒壊した家屋

（b）都市水害

図 14.2　都市災害の事例

風に強い建物や，耐震，耐火建造物が増え，1970年代に至り大規模被害が一時的に少ない時期もあった．しかしそれも束の間で，その後も，長崎大水害（1982），雲仙普賢岳の火砕流（1991～1996），阪神・淡路大震災（1995），東日本大震災（2011），熊本地震（2016），西日本豪雨（2018）などと続いている．

そうした中で，とくに衝撃的だったのは東日本大震災である．これは，単に地震というだけでなく，巨大津波をも発生させた．北海道，東北，関東沿岸域における多くの都市が壊滅的被害を受け，死者行方不明者は1万8千人を超えた．合わせて福島第一原子力発電所で1～3号機の炉心溶融があり，周辺各市町村の区域あるいはその一部を長期に放棄せざるをえなくなり，世界でもまれな大惨事を招いた．

こうした大規模災害は，本来ならめったに起こることではない．しかし，最近では，"直ちに命を守る行動を"などと，災害や避難の情報などでたびたびの特別警報が発せられている．

このことは，気候変動の影響による災害リスクの高まりによると推測される．また，政府の地震調査委員会は，南海トラフでM8～9級の巨大地震が"30年以内に70～80%"の確率で発生すると公表している（2022年）．

わが国のこうした災害事情や予測と，戦後約80年を過ぎて都市に密集市街地や老朽化した都市施設が多く存在する状況を考えれば，「安全な都市づくり」は，大規模災害に対応して促進すべき都市づくりの重要課題であり，避けることはできない．

▶14.1.2 都市災害防止の基本的な考え方

都市災害の要因はさまざま考えられるが，それらは外的なものと内的なものがある．前者は自然災害などであり，後者は土地や都市施設，建築物などである（図14.3(a)，(b)）．これら外的要因と内的要因が合わさり，都市では人命や家屋などに甚大な被害がもたらされる（図(c)）．このことから，都市の災害を防ぐことは災害要因を探り，検討する必要があるが，外的要因は自然災害が主で，その制御は不可能である．これに対し，内的要因は都市の構成要素であることから人為的な措置が可能であり，そこに安全な都市を築く手掛かりがある．

その際，人々が暮らし活動するうえでの社会・経済条件，環境条件，平常時と災害時対応との調和などから，大規模災害を限りなく防ぐことはできない．そこに求められるものは，各々の都市がもつ防災能力を超える災害に見舞われ

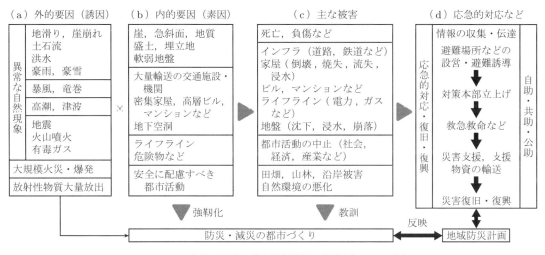

図14.3 都市の災害・応急的対応策・都市づくりの関係

たとしても，被害を極力小さくするとの発想に基づく防災の都市づくりである．換言すれば，災害は避けられないとしても，建物やインフラの被害を抑え，人の命を守り，早期の復旧を図るとの観点からすれば，"減災" である．次に示す災害対策基本法（災基法）の2条の二に掲げられる**災害対策の基本理念**は，この減災を意図している．

一　被害の最小化と迅速な回復を図ること．

二　国や地方等の公的機関の役割と連携，個々人や自主防災組織の自発的防災活動を促進すること．

三　災害に備える措置を組み合わせ一体的に講じること，並びに科学的知見，過去の災害教訓で絶えず改善を図ること．

四　災害の状況の把握に基づき，人材，物資等の適切な配分で，人の生命・身体を最優先に保護すること．

五　被災者の事情をふまえ，その時期に応じて適切に被災者を援護すること．

六　速やかに施設の復旧及び被災者の援護を図り，災害からの復興を図ること．

上記諸内容を，「防災・減災の都市づくり」と括り，以降の14.2〜14.5項では，そのための防災計画，都市計画法上の防災まちづくり制度，災害からの復興，国土の強靭化について説明する．

14.2　防災計画

▶14.2.1　防災計画の策定

大規模災害の発生を想定しての防災計画は3タイプがある（図14.4）．中央防災会議の防災基本計画，指定行政機関等の防災業務計画，地方公共団体の地域防災計画である．これらの中

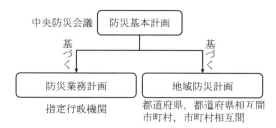

図14.4　防災計画の体系

で，都市の整備と運営に直接関わる市町村の**地域防災計画**の内容は次のとおりである．

図14.3(a)のように，さまざまな災害のもととなる誘因がある（災基2条第1項一号）．しかし，それらの発生頻度や，発生したときの被害の内容・程度はさまざまであり，避難のあり方も洪水，地震などで異なる．このため，地域それぞれの主な災害は何かを考え，地域防災計画を策定しなければならない．

この点で，全国各自治体の地域防災計画をみると，まず，総論で計画の目的，基本的考え方，対応する災害などを整理している．次いで防災計画として，風水害編，地震編に分け，必要に応じて大規模事故編，雪害編，原子力災害編の追加，そして一般災害編などとし，各災害の予防，災害応急対策，災害復旧・復興の各計画が策定されている．

理解のため，市町村地域防災計画の具体的内容を列挙すれば，「防災施設の新設・改良，防災のための調査研究，教育・訓練等の災害予防」がある．「情報の収集・伝達，災害の予報・発令・伝達，また，避難，消火，水防，救難救助，衛生等」があり，さらに「各措置に要する労務，施設，設備，物資，調達，配分，輸送，通信等」が含まれている（災基42条）．

つまり，防災上の行動と役割に関して，誰が，いつ，どこで，何を，どうするかを考えることである．市民，行政，企業，関係団体，地区を問わず日頃から情報を共有し，「自助・共助・公助」の理念のもとに訓練し，確認しておくことが大切である．

▶14.2.2 防災の都市づくり

都市では，その整備，開発，保全における災害への配慮や施設設計が必要である．そのため，次のように，万一の災害に備えて防災計画を策定し，災害に耐える都市づくりが行われている．

（1）災害などの情報とハザードマップ

災害・防災などの情報は，住民自身が日頃から災害に関心をもち，被害の軽減に努めるうえでの基本データである．

災害を災害前，災害時，災害後の3段階に分け，それぞれにおける必要情報を例示すれば以下のとおりである．

- **災害前**　防災・減災による災害予防のための情報である．防災の都市づくりと深く関わりがある．

- **災害時**　避難，救急救命，被災情報であり，その経験と反省が災害時の避難や人命

の救助をより効果的にする．

- **災害後**　復旧・復興などの情報である．その後の深刻な災害を避ける都市づくりの指針となる．災害の分析・予測に寄与し，水害や津波，高潮の浸水想定，地震時の揺れやすさマップ（図14.5），土砂災害の危険箇所マップ，地盤液状化予知マップなどから，都市整備のうえで場所を確認し，各々の対応策や措置を考える．

（2）避難場所および避難路などの整備

災害から一時的に避難する緊急避難場所や避難所，避難路の整備が必要である．その狙いは，災害時の迅速な避難で，住民の生命を守り，災害を最小にすることである．

すなわち，まちづくりにおいてあらかじめ緊急避難場所や避難所を指定し，災害の拡大を防ぐ施設などを配置しておくことである．

災害前（予防・予知）	災害時	災害後（復旧・復興）
避難所・避難路の整備 危険箇所情報，防災マップ 救急救命体制 緊急時対応情報 避難訓練 災害予知情報	避難の要否 避難路・避難所情報 救援・救命情報 災害情報 都市インフラの被災情報	復旧・復興支援情報 復旧の方針，計画 復興の方針，計画 被災情報の蓄積と活用 防災施設，設備関連情報

（a）災害などの情報

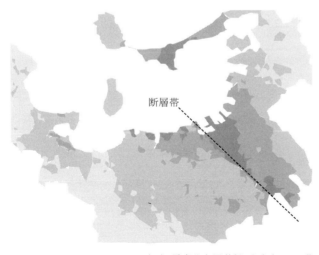

断層帯

想定震源と規模のもとで地震が発生したと仮定したときの揺れやすさ（震度）を示す．

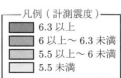

凡例（計測震度）
- 6.3 以上
- 6 以上〜6.3 未満
- 5.5 以上〜6 未満
- 5.5 未満

（b）震度分布図（揺れやすさマップ）

図14.5　災害の情報とハザードマップ（震度分布の例）

表14.1に示すように，避難場所は，「災害が発生し，または発生の恐れがある場合にその危険から逃れるための場所」である．地震，水害などと災害の種類ごとに市町村長が指定する（災基49条の四第1項）．

避難所も，市町村長の指定であるが，「災害の危険性があり避難した住民等や，災害により家に戻れなくなった住民等を滞在させるための施設」である（災基49条の七第1項）．

また，表14.1には具体的な利用可能な施設も示す．これらは災害基本法および同施行令に基づく．避難場所は，災害の発生または恐れがある場合に，居住者等に開放される施設である．避難所は，被災者等を滞在させるために必要かつ適切な規模の公的施設である．

当然だが，これらは兼ねることができる．避難場所や避難所は，できるだけ身近なことが望ましい．理想は，いつ，どこでも，どのような災害でも即座に退避できることである．しかし，現実は災害予知（時，場所，規模など）が難しいものが多く，また，地形などの条件，道路網や交通条件，市街地の状況，避難場所などに利用できる都市施設の展開状況や管理，避難者の分布などに依存している．したがって，同じ都市でも地域ごとに過去の経験に照らしながら，上述の観点できめ細かく検討し，それらを積み重ねざるをえない．

図14.6は，避難場所と避難路のレイアウト，および標識例である．それらは，地域それぞれの状況でまったく異なり，とくに基準はないものの，わかりやすいこと，安全であることが肝要である．なお，こうしたことの対応では，15.3節に述べるように，民間施設と協定を結ぶことも盛んである．

（3）防災に関わるその他の留意点

都市計画における防災・減災のまちづくりは，上記の特別な事項だけではない．平時にあってさまざまな計画や事業に際して検討が必要である．参考に，まちづくりに関わる事項を追記すれば次のとおりである．

① 都市の整序化

防災の視点で土地利用や施設，建物の密度

表14.1　避難場所，避難所の定義と指定要件

避難場所，避難所		定　義	指定の要件	利用可能な施設
避難場所	地区避難場所	災害時に住民が一時的に避難する場所	安全が確保できる 避難が容易で，おおむね500 m以内 住民相当数が避難可能な面積（おおむね1 ha以上）	小中学校のグラウンド 公園 寺院・神社など
	広域避難場所	大規模災害時に最終的避難場所となり，地区避難場所よりも安全	安全が確保できる 避難が容易で，おおむね2 km以内 避難人口を考慮（おおむね10 ha以上）	大規模公園 大学グラウンド 広い面積の空間施設
	福祉避難場所	要介護者の避難場所		社会福祉施設など
避難所	一時避難所	比較的軽微な災害時に，自宅で生活できなくなった被災者を収容し，一時的に生活の場を提供	安全で宿泊可能な屋内スペース確保 50人程度を収容	公民館 市民センター 市民体育館
	収容避難所	比較的大規模な災害時に，自宅で生活できなくなった被災者を収容し，一時的に生活の場を提供	安全で宿泊可能な屋内スペース確保 100人程度を収容 給食設備（応急的なものを含む）が利用可能	小中学校の講堂 体育館
	臨時避難所	空き地にテントなどを設置し，臨時の避難所とする		グラウンド，公園など

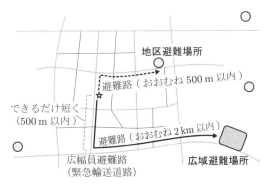

（a）避難路と避難場所のレイアウト

（b）避難場所の標識の例

図 14.6 地区の避難場所と避難路による避難システム

と配置を整える.

② 地震に強い建物の普及

住宅やビル，建造物などの不燃化や耐震・制振・免振化，軟弱な敷地地盤の安定化を図る.

③ 水害に強いまちづくり

都市水害は，河川からあふれる洪水や堤防の決壊だけでなく，まちの排水路からあふれる内水氾濫による浸水もある. このため，水路の排水能力を高め，また，貯留池や雨水貯留管，地下貯水槽に一時的に貯めて洪水・浸水が収まり排出するなどの工夫も必要である.

④ 延焼遮断帯の導入

幅広の河川や湖水，道路，鉄道，公園，運動場などのオープンスペースは，火災の拡大防止に有効である（8.1.2 項）. したがって，これらの空間を活用したまちの区割りや施設を適切に配置し，それらの総合的レイアウトで都市全体の防災機能を高める.

⑤ ライフラインの整備

電力，ガス，水道，通信などについて，災害で故障しても安全に制御できるフェイルセーフのしくみをもつ設計を行うことである. また，多重化，類似施設の緊急支援などで機能不全に陥らないように冗長性（リダンダンシー）が求められる.

14.3 防災のまちづくり

前述に加え，都計法に基づく地域地区や都市施設，都市計画事業，地域地区のまちづくりにおいては，平常時における社会，経済に関わる合理性の追求とともに，災害への対応も当然必要である. ここではそのための制度を説明する.

▶14.3.1 防火地域と準防火地域

火災は，日常生活の中で発生するとともに，災害時には二次災害をもたらすこともあり，それらに対処するための地域地区の一つとして，防火地域と準防火地域を適用できる（6.1 節）.

防火地域は，耐火構造建築物が基本であり，繁華街や幹線道路沿い，駅前地区などに多く指定され，地区などで一体となり防災機能を果たす. **準防火地域**は，耐火構造でなくても，3 階以下ならば，ある程度の耐火性を有する建築物が認められ，防火地域を囲むように住宅が集中する区域に指定される.

これらは，市街地における火災の危険を排除するために定める地域のことで（都計 9 条第 21 項），具体的な内容は建基 61，62 条と建基施行令の 136 条の二に定められている. 表 14.2 はそれを整理したものである. 表に示すように，規模によって耐火，準耐火などがある.

その外周地域はとくに規制はないが，屋根を不燃物にする，外壁を燃えにくくするなどの対策は最低限行う必要がある.

表14.2　防火地域，準防火地域の建築基準法による規制内容

建築物	延べ床面積 / 階数	100 m² 以下	100 m² 超〜 500 m² 以下	500 m² 超〜 1500 m² 以下	1500 m² 超
防火地域	3 階以上	耐火			
	1，2 階	耐火・準耐火	耐火		
準防火地域	4 階以上	耐火			
	3 階	耐火，準耐火，一定の技術基準適合		耐火，準耐火	
	1，2 階	木造は外壁，軒下，開口部などに一定の防火措置が必要		耐火，準耐火	

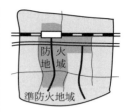

注）耐火建築物：鉄筋コンクリート造や耐火被膜した鉄骨造などの耐火構造
　　準耐火建築物：耐火被膜した木造など，耐火構造ほどでないが，一定基準に適合した
　　　　構造

▶14.3.2　防災街区の整備

（1）防災街区の整備とその方針

　市街地には，とくに老朽化した木造建築物が密集し，道路が狭隘（きょうあい）で，十分な公開空地がないなどの**密集市街地**がある（密集2条一号）．この密集市街地の整備は，従来からも住宅の改良や住宅市街地の整備などが行われてきた．しかし，個人の財産に関わることであり，複雑な権利関係のもとでの事業に対する同意が難しく，順調な改善に至っていない．

　そこに直撃したのが，都市直下の阪神・淡路大震災である．倒壊・焼失家屋の甚大な被害があり，これを機に，1997年に「密集市街地における防災街区の整備の促進に関する法律」（密集法）が定められ，2003年の改正で防災機能の向上のための制度が加えられた．

　防災街区とは「特定防災機能が確保され，および土地の合理的かつ健全な利用が図られた街区」のことである（密集2条二号）．また，その中の**特定防災機能**は「火事または地震が発生した場合に延焼防止のうえで，および避難のうえで確保するべき機能」のことである（密集2条三号）．

　市街化区域内では，密集市街地内の街区について，特定防災機能を確保し，都市計画上の防災街区として整備するための**防災街区整備方針**

を定めることができる．その内容は次のとおりである（密集3条第1項）．

一　とくに一体的・総合的に市街地の再開発を促進すべき相当規模の地区（防災再開発促進地区）およびその整備または開発に関する計画の概要

二　防災公共施設の整備，これと一体となって特定防災機能を確保するための建築物等の整備に関する計画の概要．

　また，この整備方針に従い，国および地方公共団体は，計画的な再開発または開発による防災街区の整備促進のため，次のことの決定および措置を講ずるように努めなければならない（密集3条第2項，図14.7）．

----

① 特定防災街区整備地区

② 防災街区整備地区計画

③ 施行予定者を決める防災都市施設の都計決定

④ 防災街区整備事業または防災公共施設の整備に関する事業を実施するための必要な措置

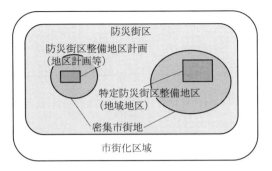

図 14.7　防災街区のまちづくり

（2）特定防災街区整備地区

特定防災街区整備地区は，密集市街地の区域内で防火地域または準防火地域が定められている区域，その周辺区域のうち，防火都市機能に関わる都市計画施設と一体になり，防災街区として整備する区域である（密集 31 条第 1 項）．この地区は地域地区の一つであり（表 6.1 参照），都市計画に定められるが，地域地区の基本事項に加えて，次のことなどが定められる（密集 31 条第 3 項）．

----

① 建築物の敷地面積の最低制限
② 特定防災機能の確保・利用に必要な場合には壁面の位置の制限
③ 建築物の防災都市計画施設に関わる間口率の最低限度および建築物の高さの最低限度

なお，防災都市計画施設は道路や公園などである．また間口率とは，「"建築物の防災都市計画施設に面する部分の長さ" を "敷地の防災都市計画施設に接する長さ" で割った比率」である．

（3）防災街区整備地区計画

防災街区整備地区計画は，表 11.1 に示した地区計画等の一つである．その主旨は，前述の特定防災街区整備地区と同じであるが，区域の適用要件は次の 3 点が適切なことである（密集 32 条第 1 項）．

----

① 特定防災機能確保のため，適正な配置およ

び規模の公共施設の整備が必要な土地の区域であること
② 特定防災機能に支障をきたしている土地の区域であること
③ 用途地域が定められている土地の区域であること

また，都市計画に定める事項は，地区計画などの基本事項に加え，次の内容である．一，二は定め，三は定めるよう努めるものである（密集 32 条第 2〜5 項）．

一　特定防災機能の確保のための防災施設の区域では，特定地区防災施設の区域及び建築物等の整備計画
二　主に街区内居住者等が利用の道路，公園などの地区施設，建築物等の整備，土地利用に関する防災街区整備地区整備計画（ただし，都市計画施設，地区防災施設，特定建築物地区整備計画の区域内の建築物等は除かれる）
三　防災街区整備地区計画の目標その他当該区域の整備に関する方針

なお，特例事項をもつ防災街区整備地区計画の地区整備計画は，表 11.4 に示すとおりである（密集 32 条の二〜五）．

（4）防災街区整備事業

防災街区整備事業とは，「特定防災機能の確保と土地の合理的かつ健全な利用のため，密集法の定めに従って行われる建築物および建築物の敷地の整備，ならびに防災公共施設その他の公共施設の整備事業，並びにこれに附帯する事業」のことである（密集 2 条五号）．

すなわち，密集市街地の中で，次のいずれかで，特定防災機能の効果的確保に貢献することを配慮してこの事業が施行される（密集 118 条）．

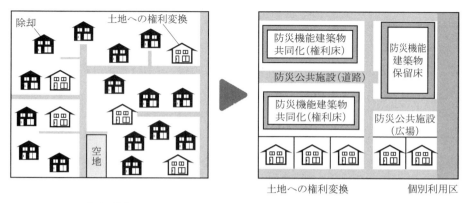

（a）従前　　　　　　　　　　　　　　　（b）従後

図14.8　特定防災街区整備地区内の防災街区整備事業のイメージ

① 特定防災街区整備地区

② 一定の要件を満たす防災街区整備地区計画の区域

③ 耐火建築物や準耐火建築物等の延べ面積が全体の1/3以下

④ 不適合建築物の割合が1/2以上を占める区域

⑤ 土地利用が不健全な区域

その際，施行者および施行手順は10.3.3項のとおりである．また，事業内容は，土地・建物から防災施設建築物への権利変換が基本である．ただし，例外として，従前の土地から整備後の土地への変換がある（密集201，202条）．この柔軟な対応は，土地の権利が複雑であることによる（図14.8参照）．

▶14.3.3　津波防災のまちづくり

2011年の東日本大震災では，東北から関東にかけて沿岸の都市が大きな津波の被害を受けた．これを機に，同年，**津波対策の推進に関する法律**（津波対策法），**津波防災地域づくりに関する法律**（津波防災法）の2法が制定された．

津波対策法11条に津波対策配慮のまちづくりがあり，都計法の用地地域，建基法の災害危険区域などで津波対策に取り組むよう努めなければならない．

また，後者の津波防災地域法では，「都道府県は，国土交通大臣が定める基本方針に基づいて，津波浸水の基礎調査とそれによる浸水の区域・水深を想定する」とされる（津波防災8条）．そのうえで，市町村は市町村マスタープラン（5.3節）と調和を図り，津波からの防災のための地域づくりとして，減災の考えに基づく総合的な推進計画を作成する（津波防災10条）．その内容は，表14.3のとおりであり，公共施設や津波防護施設の整備，一団地の津波防災拠点市街地形成施設，避難路・避難施設で構成されている．

なお，津波防護施設は，海岸保全施設・港湾施設は別にして，盛土構造物，護岸，胸壁および閘門のことである（津波防災2条第10項）．また，一団地の津波防災拠点市街地形成施設とは，災害が発生しても都市機能を維持する拠点となる市街地形成の一団地の住宅施設，特定業務施設または公益・公共施設のことで，都市計画に定められている（津波防災2条第15項）．

表 14.3　津波防災地域づくり推進計画（市町村）

1 推進計画区域の設定
2 推進計画における主な事項
一 津波防災地域づくりの総合的推進に関する基本的方針
二 浸水想定区域の土地利用，警戒避難体制の整備事項
三 津波防災地域づくり推進のための事業または事務事項
• 海岸保全，港湾，河川管理等の施設整備
• 津波防護施設の整備
• 一団地の津波防災拠点市街地形成施設の整備，土地区画整理事業，市街地再開発事業その他
• 避難路・避難施設，公園・緑地，地域防災拠点施設その他の円滑な避難の確保・整備・管理
• 防災のための集団移転促進事業
• 地籍調査の実施
• 津波防災地域づくり推進事業に係る民間資金，経営能力および技術的能力の活用促進

14.4 災害復興

▶14.4.1 被災市街地の復興

さまざまな災害防止に努めても，災害を完全に防ぐことはできない．このため，不幸にも災害にあったら，都市やまちの速やかな復興が必要である．

しかし，阪神・淡路大震災では，建築物が無秩序に密集していたため，安全とはいえない市街地が壊滅的な打撃を受け，復興に長期を要した．その惨状をふまえると，都計法をそのまま大規模災害に当てはめるには限界があるとし，阪神・淡路大震災を機に**被災市街地復興特別措置法**（被災市街地復興法）が制定された．これは，特別の措置を講じ，良好な市街地の形成，都市機能の更新を迅速に行い，復興を図るものである（図 14.9 参照）．

つまり，大規模な火災や震災などの災害を受けた市街地について，緊急かつ健全な復興を推進するために**被災市街地復興推進地域**を都市計

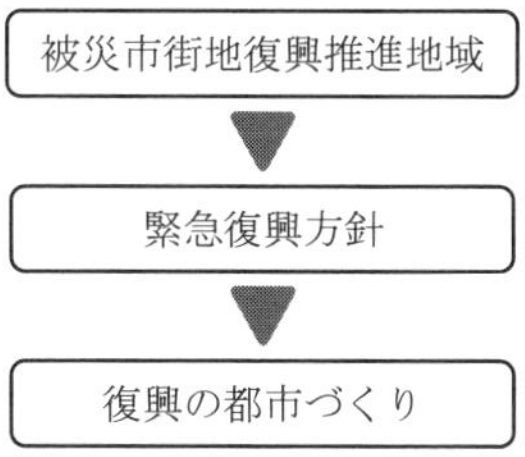

図 14.9　被災地の復興推進

画に定めることができる（都計 10 条の四第 1 項）．その際の要件は，大規模災害で相当数の建築物が壊滅的に失われ，公共施設からみて不良な街区環境の形成の恐れがあり，土地区画整理や市街地再開発，建築敷地の整備，公共施設の整備が必要なことである（被災市街地 5 条第 1 項）．

都市計画では，基本事項に加え，土地の形質の変更や建築行為等の制限に関して期間満了の日（災害発生後 2 年以内）を定めるとともに，緊急復興方針を定めるよう努めるとしている（被災市街地 5 条第 2，3 項）．

建築行為等の制限は，通常の管理行為などの除外事項を除いて都道府県知事（市の区域は市長）の許可が必要である．また，市町村は，緊急復興方針に従い，地区計画や市街地開発事業，公共施設の整備について必要な措置を講じなければならない（被災市街地 6 条）．

▶14.4.2 大規模災害からの復興

阪神・淡路大震災後に，東日本大震災が発生した．これを教訓にするものが，2013 年の**大規模災害からの復興に関する法律**（大規模復興法）である．これは，著しく異常かつ激甚な非常災害に対して，緊急災害対策本部を設置し，特定大規模災害として，国を挙げて復興に取り組むためのものである．

「大規模災害からの復興は，国と地方公共団体とが適切な役割分担の下に地域住民の意向を尊重しつつ協同して，災害を受けた地域における生活の再建および経済の復興を図るととも

に，災害に対して将来にわたって安全な地域づくりを円滑かつ迅速に推進する」ことが基本理念である（大規模復興3条）.

そのうえで，復興に向けた取り組みは次のとおりである.

----

① 必要に応じて，内閣総理大臣を本部長とする復興対策本部を設置する（大規模復興4条）

② 復興基本方針の策定（大規模復興8条）など政府が復興基本方針を定め，それに即して災害を受けた区域内の被災都道府県が都道府県復興方針を定める（大規模復興9条）.

③ 区域内の被災市町村は，都道府県復興方針に即して，単独または特定被災都道府県と協働して復興計画を作成する（大規模復興10条）.

④ 国が実行するために都計法等に関わる特別の措置の定めを導入する.

表14.4は，復興計画に定められる事項である. 当然ながら，四，五の復興整備事業とその関連事業が主だが，そうした計画の作成にあたっては，公聴会を開催するなどして，住民の意見を反映させる必要があり，また，作成したときは遅滞なく公表しなければならない.

大規模復興法の非常災害としてこれまで指定されたものは，2度の震度7を記録した熊本地震（2016），令和元年台風19号（2019），約1か月続いた令和2年7月豪雨（九州，中部で発生）（2020）がある.

14.5 国土の強靱化

前節まで，大規模な災害を主に防災のまちづくり，災害からの復興について述べた. その行きつくところは，都市の根幹である土地利用，都市施設，運営制度をどのように強靱にし，被害を最小に抑えるか，その施策をどう計画して実施するかである.

このことをふまえ，14.1.1項に述べた大規模自然災害の発生を念頭において，2013年，**強くしなやかな国民生活の実現を図るための防災・減災等に資する国土強靱化基本法**（国土強靱化法）が制定された.

この国土強靱化法では，本則の前に前文があり，強くしなやかな国民生活の実現を図るための国土強靱化に取り組む理念や目的が述べられている.「東日本大震災の際，改めて自然の猛威の前に立ち尽くすとともに，その猛威からは逃れることができないことを思い知らされた」とあり，これを教訓に，国，地方公共団体，事業者，国民の責務および協力で，

- 必要な事前防災および減災その他迅速な復旧復興に資する施策
- 国際競争力の向上に資すること

を目標に，国土強靱化に関する施策を総合的かつ計画的に策定することが強調されている. また，そのために次のことが必要と述べられて

表14.4　大規模災害からの復興計画の内容
（大規模復興10条）

事項	内　　容
一，二	復興計画の区域，目標
三	被災市町村の人口の現状・将来の見通し，計画区域の土地利用方針など
四	必要な復興整備事業（市街地開発事業，土地改良事業，復興一体事業，都市施設整備事業など）の実施主体，実施区域その他
五	復興整備事業と一体になり，その効果を増大させる事業など
六	復興計画の期間
七	その他の事業実施に関し必要な事項

いる.

----

① 大規模自然災害等に対する脆弱性を評価して優先順位をつける

② 事前に的確な施策を実施して大規模自然災害等に強い国土および地域をつくる

③ 自らの生命および生活を守ることができるよう地域住民の力を向上させる

　具体的には，政府が国土強靭化基本計画を定め（国土強靭化10条），それと調和を保ち，都道府県または市町村がそれぞれの区域に関わる**国土強靭化地域計画**を策定し（国土強靭化13条），各自治体における諸分野の計画の指針とするものである.

　その際，脆弱性の評価をどう行うかであるが，次のように行うとされている.

----

① 起こってはならない最悪の事態を想定したうえで，科学的知見に基づき，総合的かつ客観的に行う

② 国土強靭化に関する施策の分野ごとに投入される人材その他の国土強靭化の推進に必要な資源についても行う

つまり具体的には，この脆弱性評価をもとに，透明性を確保しつつ，公共性，客観性，公平性および合理性を勘案し，実施されるべき国土強靭化に関する施策の優先順位を定めることが国土強靭化計画である（国土強靭化17条）.

　また，国の方針のもとに各都道府県または市町村が国土強靭化地域計画を定めているが，その内容は次のとおりである.

・地域の特性
・地域強靭化の基本的考え方
・強靭化の現状と課題（脆弱性の評価）
・強靭化施策の推進方針

・計画推進の方策

14.6　防犯のまちづくり

　都市の負の面として犯罪が絶えないことがある. 殺人，暴行，傷害，脅迫，恐喝，騒乱，性犯罪，ひったくり，放火，危険運転などきりがない. 多様な人の社会進出や高齢化が進んだことから，そうした人達の被害が増えている.

　こうした犯罪は，都市施設の不備や土地利用上の問題も一因であり，まちづくりの観点から活用や管理のあり方などの検討が必要である.

　その一方で，人口減で放置された空き家や老朽化したビルの空き室，空き店舗，荒れ放題の空き地，見通しがきかない道路や細街路などがある. 放置すればまちは犯罪の温床になりかねない.

　犯罪の発生度合いや内容は，都市や地域各々で異なり，時代による違いもある. 最近のできごとをみると，犯罪に関わる者が必ずしも犯罪場所と結びつかない. ランダムで広域的，国際的な組織犯罪によることもある. あるいは，匿名性が高いネット社会の落とし穴がある.

　これらから，安全・安心のまちづくりの一環として，防犯のまちづくりが強く求められるものの，そのための決まった方策は容易にみつからない. 都市施設のように，何かをつくれば効果があるわけでない. こうしたことから対応の難しさがあり，結局は経験の積み重ねによる創意工夫が必要である.

　防犯のまちづくりは，各都市の犯罪実態（発生場所の特徴，犯罪内容，犯罪者と被害者の特性，犯罪件数など）を明らかにし，まちにおけるハード，ソフトの両面から弱点をあぶりだすことである.

　そのうえで，課題の整理とその対策を，住民，

警察・学校などの関係者，専門家，自治体などが一緒になって検討し，効果的な方策を見出し，実施し，管理運営することである．現状確認による課題の発見，対応策検討のワークショップ，施策の実行といった手順となる．

しかし，まちづくりに関わる計画の体系を見出すには至っていない．各都市での防犯まちづくりにおけるいくつかの知見を参考にあげると，次のとおりである．

- -

① 犯罪の加害者，被害者のいずれも究極は人である．このことから，みんなで知恵を出し合い検討することが大切である．

② 犯罪を思いとどまらせるのは人の目である．その意味で，街路樹，道路の交差点，公衆トイレ，建築物の壁面後退などのデザインを工夫し，必要に応じてカーブミラーを配し，見通しをよくするまちづくりを推進する．

③ 官民境界のブロック塀や工事現場の囲い，仮設物の突出，看板類や電柱，バス停，車などの路上駐車といったまちの死角を極力解消する．

④ 夜間の暗がりに対処するため，街路灯や必要に応じた公園内の照明施設を適切に配するとともに，門灯や防犯灯の活用も望ましい．

⑤ 路上や空き地などにおける危険な廃屋，手入れの行き届かない樹木や伸びきった雑草などが，心理的に犯罪に繋がる恐れがあるため，公共空間の手入れ，清掃を継続的に行う．

⑥ 防犯センサーライト，防犯カメラ，盗難防止器具，防犯電話，犯罪警告の情報発信，警備ロボットなど，人では十分にできない工夫に防犯技術があり，適切な導入と活用が望ましい．

- -

地域のことは地域の人がよく知るというものの，都市では，主な日常活動は職場と家庭の往復であり，かつ転出・転入による人の入れ替わりが激しい．このため，地域の絆や縁は希薄になりがちである．その意味で犯罪に備えることは容易でないが，地域の全員が力を合わせ，それを乗り越えての防犯のまちづくりと日頃の防犯活動が大切である．

14.7 人に優しいまちづくり

▶14.7.1　バリアフリーのまちづくり

1969 年，障害者が利用できる建築物や施設を示す国際シンボルの車いすマーク（図 14.10）が，国際リハビリテーション協会で採用された．そして 1970 年代中頃，国連で，障害者のための施策推進の総会決議や世界行動計画の提案があり，1983 年からの 10 年を「国連・障害者の10 年」とする活動が行われた．

一方わが国では，1950 年頃から，福祉あるいは社会福祉のために生活支援や福祉サービスについてさまざまな法整備が進み，障害者の社会参加や自立を促す方策が展開された．そのうえで国連の動きに呼応し，1993 年にそれまでの身体障害者福祉法が改正され，**障害対策基本法**に改められた．続いて，高齢者・身体障害者

障害者のための国際シンボルマーク

盲人

ベビーカー

乳幼児同伴　妊婦　高齢者　身体不自由者

図 14.10　さまざまな状態を表すピクトグラム

などが建築物，ならびに公共交通機関を円滑に利用する法律が別々に定められた．そして2004年，これらを一元化した**高齢者・身体障害者等の移動等の円滑化の促進に関する法律**（**バリアフリー法**または**BF法**）が制定された．これは，高齢者，障害者などの日常生活，社会生活の確保と向上を促進するものである．

高齢者，障害者などとは，「高齢者または障害者で日常生活または社会生活に身体の機能上の制限を受けるものその他日常生活または社会生活に身体の機能上の制限を受ける者」である（BF 2条一号）．そうした人々が，日常生活または社会生活の中で障害となる都市の事物，制度，慣行，観念その他一切のものを除くことがバリアフリーのまちづくりである．事物は物理的バリアで，制度や慣行は都市の諸制度の運用や慣習に関わることであり，観念は心のバリアである（BF 1条の二）．

これらをふまえれば，バリアフリーのまちづくりは，都市において上述のバリアがある場合はそれらを除くこと，および障害やその他の事情に関係なくすべての人々が共生する社会を実現することである（図14.11）．また，高齢者，障害者などの移動や施設利用上の利便性，安全性の向上を図ることである．

図14.11　多目的トイレ

▶14.7.2　バリアフリーの基本方針など

バリアフリー社会実現のために国が定める基本方針がある（BF 3条）[20]．その内容は，次の

ことに関わる基本事項などである．

----

① 移動等円滑化の意義，目標に関する事項
② 施設設置管理者が講ずべき措置
③ 移動等円滑化促進方針の指針
④ 重点整備地区の基本構想

この基本方針に従い，②は施設管理者が，③および④は市町村が単独または共同で具体的内容を定めている．

（1）施設設置管理者が講ずべき措置

施設設置管理者とは，「公共交通事業者等，道路管理者，路外駐車場管理者等，公園管理者等及び建築主等」である（BF 2条三号）．それらの管理者などは，旅客施設および車両など，特定道路または旅客特定車両停留施設，特定路外駐車場，特定公園施設，特定建築物などの新設，改築などを行うとき，移動等円滑化などのために定められた基準に適合しなければならない（BF法の第三章）．なお，特定施設などの"特定"とは，移動等円滑化に関わるという意味で，表14.5にまとめるように，BF施行令に具体的な定めがある．

（2）移動等円滑化促進地区

移動等円滑化促進地区は，旅客施設，高齢者・障害者などの利用施設が集まり，生活関連施設および生活関連施設経路（表14.6の注釈参照）を構成する一般交通施設の移動等円滑化の促進が有効かつ適切と認められる要件を備えた地区で定められる（表14.6のA）．

市町村は単独または共同して，市町村マスタープラン（5.3節），地域公共交通計画（7.3.1項）と調和させながら，促進地区の位置・区域を定める（BF 24条の二）．そのうえで，表14.7のAのように，移動等円滑化促進地区の位置，区域，および関係者の理解と協力を求める（図14.12）．

表14.5　BF法に関わる特定施設等

特定施設等	定義（BF 2条）
特定旅客施設	利用者が相当数であること，相当数と見込まれるなどの要件の旅客施設
車両等	旅客運送の旅客運送車両，路線バス，船舶，航空機
特定道路	移動等円滑化がとくに必要なもの
旅客特定車両停留施設	公共交通機関を利用する旅客の乗降，待合いなど
特定路外駐車場	路外駐車場で，駐車用部分の面積が五百平方メートル以上，かつ有料のもの
特定公園施設	移動等円滑化が特に必要なものとして政令で定める公園施設（園路，広場，休憩場，野外劇場，便所，手洗い場，掲示板など）
特定建築物	学校，病院，劇場，観覧場，集会場，展示場，百貨店，ホテル，事務所，共同住宅，老人ホームその他の多数の者利用の建築物またはその部分をいい，附属する建築物特定施設を含む
特別特定建築物	不特定かつ多数の者が利用し，または主として高齢者，障害者等が利用する特定建築物その他の特定建築物であって，移動等円滑化がとくに必要なもの（小学校，中学校，特別支援学校，病院・診療所など特定建築物を絞り込んだもの）
建築物特定施設	出入口，廊下，階段，エレベーター，便所，敷地内の通路，駐車場その他の建築物またはその敷地に設けられる施設で政令で定めるもの

表14.6　移動等円滑化促進地区および重点整備地区の要件

	A．移動等円滑化促進地区（BF 2条23号）		B．重点整備地区（BF 2条24号）
イ	生活関連施設[注1]の所在地を含み，かつ生活関連施設相互間の移動が通常徒歩で行われる地区であること．	イ	同左
ロ	生活関連施設および生活関連経路[注2]を構成する一般交通用施設[注3]について移動等円滑化の促進がとくに必要と認められる地区であること．	ロ	生活関連施設および生活関連経路を構成する一般交通用施設について移動等円滑化の事業の実施がとくに必要と認められる地区であること．
ハ	当該地区で，移動等円滑化の促進が，総合的都市機能の増進を図るうえで有効かつ適切と認められる地区であること．	ハ	当該地区で，移動等円滑化の事業を重点的かつ一体的に実施することが，総合的都市機能の増進に有効かつ適切と認められる地区であること．

注1）高齢者，障害者等が日常生活または社会生活で利用する旅客施設，官公庁施設，福祉施設その他の施設．
注2）生活関連施設相互間の経路．　注3）道路，駅前広場，通路その他の一般交通の用に供する施設．

表14.7　移動等円滑化促進方針と移動等円滑化基本構想の内容事項

項	A．移動等円滑化促進方針（BF 24条の二）	B．移動等円滑化基本構想（BF 25条）
1	市町村内の移動等円滑化促進地区について，移動などの円滑化の促進方針を定めるよう努める	移動等円滑化に係る事業の重点的かつ一体的な推進に関する基本的構想を作成するよう努める
2	一　移動等円滑化促進地区の位置，区域	一　重点整備地区の位置，区域
	二　生活関連施設[注1]ならびにこれらにおける移動等円滑化の促進事項	二　生活関連施設ならびにこれらにおける移動円滑化の事項
	三　移動等円滑化促進に関わる住民その他の関係者の理解の増進および移動等円滑化実施に関するこれらの者の協力の確保事項	三　生活関連施設，特定車両および生活関連経路を構成する一般交通用施設について実施すべき特定事業[注2]その他の事業事項
	四　三以外の他に移動等円滑化促進地区における移動等円滑化促進のために必要な事項	四　三の事業に合わせて実施する市街地開発事業に関して移動円滑化を考慮すべき事業など
3	移動等円滑化促進地区における移動等円滑化促進に関する基本的方針について定めるよう努める	重点整備地区における移動等円滑化に関する基本的方針を定めるよう努める

注1）生活関連施設及び生活関連径路．
注2）公共交通，道路，路外駐車場，都市公園，建築物，交通安全及び教育啓発に関する特定事業．

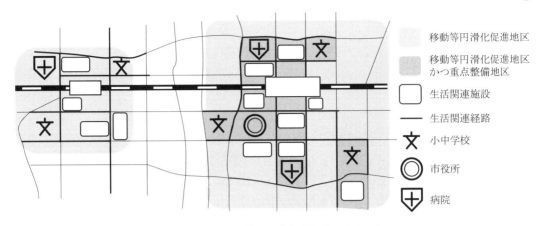

右凡例:
- 移動等円滑化促進地区
- 移動等円滑化促進地区 かつ重点整備地区
- ☐ 生活関連施設
- ── 生活関連経路
- ✕ 小中学校
- ◎ 市役所
- ✚ 病院

図 14.12　移動等円滑化促進地区のイメージ

（3）移動等円滑化基本構想

　移動等円滑化の基本構想は，重点整備地区の移動等円滑化に関わる構想などの指針である．移動等円滑化促進地区内において，とくに必要で有効かつ適切とみなされる地区を**重点整備地区**と定め（表 14.6 の B，図 14.12 参照），必要に応じて具体的なバリアフリー化事業を計画する．重点整備地区の要件は，生活関連の施設および経路を構成する一般交通用施設の移動等円滑化がとくに必要な地区とされている．構想の内容を表 14.7 の B に示す．すなわち，重点整備地区の生活関連の施設や経路，これらにおける移動等円滑化，移動円滑のために実施する特定事業（表 14.7 の注釈参照）とそのために行う市街地開発事業などを定めている．

▶14.7.3　移動等円滑化経路，施設の協定

　バリアフリー化の整備を進めるために指定される一定の地区（重点整備地区）内の土地に対し，移動等円滑化経路，施設の協定が締結できる（BF 41～51 条）．地区内の高齢者，障害者などが生活上利用する旅客施設，官公庁施設，福祉施設などに関し，経路案内設備，エレベーター，エスカレーターなどの整備と管理について協定を結ぶものである（BF 51 条の二）．

▶14.7.4　UD のまちづくり

　バリアフリーのまちづくりは，高齢者・障害者等を主にする BF 法の適用である．しかし，障害者の定義は，現在ではさらに普遍化している．

　障害者は健常者の対義語だが，実際は誰もが人生の中で病気やけがをした，妊娠した，幼児を伴う，または幼児期，高齢期，手荷物がある状態などを経験する（図 14.10）．

　このことから，バリアフリーのまちづくりは，限られた人々の問題ではない．すべての人々が経験する共通の課題である．したがって，高齢者，障害者などのためだけではない．誰にでも，いつでも，どこでもバリアをなくし，人に優しいユニバーサルデザイン（universal design）のまちづくり（以下，UD まちづくりという）が強く望まれる．

　しかし，都市となると，その UD まちづくりをストレートに目指すことは難しい．巿民の誰もが直面する障害を集めても，その内容や深刻さは実に多様で，同じではないからである．すべての市民に障害が関わることで，UD の対象となる都市施設も際限なく広がる．

　このことから，まずは高齢者・障害者などが利用する施設と，まちの移動ルートを最低限の対象にしてのまちづくりを優先することであ

る．次いで，今後の都市施設などの新設や更新
に関わる課題として捉えれば，前項に述べたバ
リアフリーのまちづくりが UD まちづくりのス
タートである（図 14.13）．そのうえで一層の
改善を行い，向上を図るマネジメントサイクル
を展開することが UD まちづくりの道筋であ
る．

　ただ，このときの注意点は，都市づくりがモ
ノづくりと異なることである．モノは個人が選
び，その使用上の責任は，個人，製造者，販売
者に限られる．一方，都市づくりは，障害を経
験する不特定多数の人々の生活と社会参加に関
わる施設などとの物理的関係のみならず，制度
や心に関わる関係，ソフトな関係を含む．この
ことから，真に人に優しいまちは特別のことで
ない．日常的かつ空間的広がりをもつ皆のもの
でなければならない[21]．つまり，UD まちづく
りは，「**安全**が確保でき，**安心**ができ，すべて
の人々に**共通**し，誰もが**参加**でき，**公平**で，ま
ちなかにおける**繋がり**に適うハード策，ソフト

（a）ユニバーサルデザインの歩道

（b）ピクトグラムによる案内

図 14.13　誰もが使いやすく理解しやすい UD

策のバリアフリー施策を繰り返し実施するこ
と」である．この UD の原則に基づくレベル
アップの先に UD 都市がある．

第15章

計画事業の実施に関わる制度

　都市計画事業の秩序を保つために土地の開発行為の許可制度があり，施行認可，財源が必要である．また，都市を快適にし，緊急時に備えるため，民間相互や公共体と民間で協定が結ばれる．本章では，これら計画事業の実施に関わる制度を説明する．

15.1　開発行為の許可

▶15.1.1　許可の定義と意義

　都市計画において，区域区分などの目的を担保し，良質な宅地水準を形成するために，土地の開発行為の許可制度がある．開発行為とは，主として建築物の建築または特定工作物の建設の用に供することを目的で行う土地の区画形質の変更とされ，そうした行為を行う区域を**開発区域**という（都計4条第12，13項）．したがって，**開発行為の許可制度**を定義すれば，都計区域または準都計区域において，ある規模以上の開発区域で土地の区画形質を変更するため，都道府県知事などの許可を受けることである（都計29条第1項）．

　上記で，土地の区画形質の変更の具体的内容は，10.2.1項(1)に示したとおりである．また，建築物および特定工作物の定義は以下のとおりである．

----

① **建築物**とは，土地に定着する工作物のうち，屋根および柱もしくは壁を有するもの，およびこれに付属する門や塀，観覧のための工作物，または地下もしくは高架の工作物内の事務所，店舗，倉庫などの施設をいい，建築設備（電気，ガス，給水，排水，汚物処理施設，昇降機など）を含む（建基2条

一号）．

② **特定工作物**は，環境の悪化や危険をもたらす恐れがある工作物（第一種）と，大規模な工作物（第二種）に分けられる．

　イ　**第一種特定工作物**：コンクリートプラント，アスファルトプラント，クラッシャープラント，危険物の貯蔵・処理に供する工作物（石油パイプライン事業施設，航空機給油施設，電気工作物等）など（都計令1条第1項）

　ロ　**第二種特定工作物**：ゴルフコース，1ha以上の大規模工作物（野球場，陸上競技場，遊園地，動物園，墓園など）（都計令1条第2項）

　開発許可制度の導入の意図は，冒頭に示した区域区分の担保などが主であったが，最近ではその意義が変わってきている．全国規模で人口減が進み，これに伴い空き地，空き家が至る所でランダムに発生する都市や地域の問題が深刻化しつつある．このため，単に都市計画区域における土地利用の制御だけでなく，都計区域外の一定規模以上の土地の開発を許可対象に加えて規制する，市街化調整区域の大規模開発許可基準を廃止する，などの改正が行われた．また，公益施設（病院，学校，福祉施設など）を許可対象に加え，用途地域に田園住居地域（6.2.1項）の導入があり，都市再生のための居住調整区域

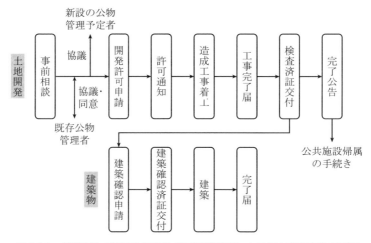

図15.1　開発行為の許可と建築物等の建築確認による都市計画事業の手順

といった新たな概念の土地利用規制を追加するなどもある（6.5.2 項）.

つまり，持続可能な市街地形成を目指す区域区分とともに，無理な土地開発を抑制し，適切に開発することがより一層望まれている.

▶15.1.2　開発許可の手順

都計法第三章第一節の各条文は，開発行為の許可に関わる直接の内容を定めるものである．これらに関わり，開発許可が求められる土地の開発事業や，建築物等（建築物 + 特定工作物のこと）の建築確認の手順を図 15.1 に示す.

土地開発は，土地の開発行為をする者による関係機関との事前相談から始まる．次いで開発許可を申請し，認可を受け，宅地造成を行う．そのうえで，建築物確認申請を行い，認定を受けて建築などの工事を始めることができる.

図 15.2 は開発許可の手順である．土地利用の内容を加味した開発許可の手順と都計法の条文との関係を示す.

これに基づけば，都道府県知事（指定都市・中核市の区域内は当該市長）に開発許可の申請書を提出し，許可を受けなければならない（都計 29 条第 1 項）.

その際，土地開発のすべてについて許可を求

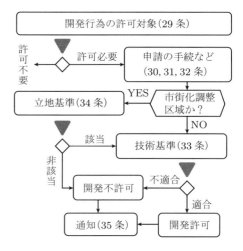

図15.2　都計法における開発許可の手順

めるものではない．一定の内容についての但し書きによる除外事項（15.1.3 項）があり，その有無の判断がある．その結果，申請が必要な場合は，資格をもつ設計者の手で申請書を作成し，手続きが進められる．その際の記載事項は，開発区域の位置・区域・面積，開発行為の設計，工事施行者などである（都計 30 条）.

申請後の取り扱いは，15.1.4 項に述べるように，全般的な技術基準と市街化調整区域に関わる立地基準の二つが適用される．すなわち，土地の開発において，面積規模や開発内容に関して技術基準に適う開発行為を認めて土地利用の

適正化および公共施設の整備を図る．その一方で，許可できない土地での無理な開発が立地基準で抑制されることになる．

▶15.1.3 許可の除外事項

開発行為の許可に関する除外事項を表 15.1 の上段に示す．これらは，市街化区域，市街化調整区域，非線引き都計区域，準都計区域，都計区域でも準都計区域でもない区域の各々に応じた基準である．周辺市街地および環境，都市的必然性などで問題がないとき，許可は必要でなく，その内容は次の 3 事項である（都計 29 条）．

（1）小規模開発の除外事項

市街化区域，非線引き都計区域，または準都計区域において，表中の "一 小規模" に記載するものは開発規模が小さく，他への影響が小さいとして開発許可は不要である．

なお，市街化区域，非線引き都計区域，準都計区域では，300 m² 未満まで規模を引き下げ

て厳しくすることができる．これは，許可申請の対象を広げ，ミニ開発を防ぐ意味がある．また，市街化調整区域では規模による除外規定がなく，すべての規模で許可申請が必要である．

（2）農林漁業関連の除外事項

農林漁業の用に供する建築物（畜舎，堆肥舎，サイロ，農林業生産資材の貯蔵・保管建築物など），またはこれら業務従業者の居住用建築物のための開発行為についての除外がある．市街化区域以外の都計区域および準都計区域，その他において適用される．

（3）公共公益，都市計画事業等施行の除外事項

表 15.1 の三〜十一の事項についての除外がある．これらは，公共公益上必要なもの（鉄道，道路など），各々における都市計画事業として正式に手続きを経て認められているもの（土地区画整理事業など），災害時の応急措置や通常の管理行為などやむをえないものなどである．

表 15.1 各区域における開発行為と許可の除外事項など

区域／開発許可		線引き都計区域		非線引き都計区域	準都計区域	右記以外の区域
		市街化区域	市街化調整区域			
除外事項（都計29条第1項）	一 小規模	1 千 m² 未満*（大都市圏 500 m² 未満）	（すべての規模で許可が必要）	3000 m² 未満*		1 ha 未満
	二 農林漁業		農林漁業用建築物の建設のための開発行為（温室，畜舎，堆肥舎など）またはこれら業務の従事者の住居用建築物のための開発			
	三〜十一 公共公益，都計事業	三 鉄道施設，図書館，公民館，変電所，一般自動車道，公園施設などの公益上必要な建築物としての開発 四 都市計画事業の施行としての開発 五 土地区画整理，六 市街地再開発，七 住宅街区整備，八 防災街区整備の施行としての開発 九 公有水面埋立法の免許埋立地で竣工認可公示がないものの開発 十 非常災害に必要な応急措置としての開発 十一 通常の管理行為，軽易な行為で政令に定めるもの（仮設建築物，付属建築物などの建設）				
備考		＊開発許可権者が，条例で 300 m² まで引き下げることができる． 開発 = 開発行為				
開発許可の基準						
技術基準		すべてに適用（都計 33 条，表 15.2）				
立地基準			適用（都計 34 条，表 15.3）			

▶15.1.4 開発許可の基準

（1）全般的に適用される技術基準

技術基準は表15.2のとおりで，14項目がある．詳細は都計法33条第1項のとおりだが，用途地域等や地区計画等，公共施設などに適合していることや，災害防止への配慮や危険区域を避けるなどがある．これらの基準に適合し，申請手続きに違反がなければ，前述のように，申請された開発は許可しなければならない．

なお，地方公共団体は，この法令に基づく基準に加え，必要に応じて制限の強化あるいは逆に緩和を条例に定めることができる．

（2）市街化調整区域における立地基準

開発の抑制が厳しく問われる市街化調整区域では，その内容からして建築物等から第二種特定工作物の建設に供する開発行為を除いたうえで，表15.3の立地基準が適用される．これは，公益上の必要性，鉱物資源・観光資源の有効活用，あるいは危険物などを含み，市街化調整区域にしか立地できないものなど，表中に示す15項目のいずれかに該当しなければ，都道府県知事は開発許可をしてはならないことが定められている（都計34条）．

（3）居住調整地域における開発許可等の特例
（都市再生90条）

6.5.2項に述べたように，居住調整地域では住宅地化が抑制されるが，その開発許可を説明するにあたり次の三つの用語について理解が必要である．

----

① 住宅等　居住調整地域に関し，住宅（戸建て，長屋など），その他人の居住用建築物のうち市町村条例に定めるもの（寄宿舎や有料老人ホームなど）の総称．
② 特定開発行為　戸数が3以上で，規模が0.1 ha以上の住宅等の建築のための開発行為．
③ 特定建築等行為　戸数3以上の住宅等を新築し，または建築物を改築・用途変更して住宅等にする行為．

このとき，都市再生90条に基づけば，「居住調整地域に係る特定開発行為は，表15.1に示した都計法29条第1項一号を適用せず，特定開発行為及び特定建築等行為については，居住調整地域を市街化調整区域とみなし，都計法34条の八の二，十，十二〜十四号（表15.3），お

表15.2　開発許可の技術基準（都計33条第1項）

一	用途地域等の用途制限に適合している．ただし，都市再生特別地区の誘導用途はその限りでない
二	道路，公園，広場等に供する土地の適切な配置と設計である
三	排水施設からの下水排出，溢水防止の設計に適合している
四	需要に支障のない水道その他の給水施設の配置，設計である
五	地区計画等に定められる計画，整備計画に適合している
六	利便増進，環境保全の公共・公益施設，建築の用途の配分が定められている
七	地盤沈下，崖崩れ，水等の災害防止構造物の設計が基準に適合している
八	災害危険区域等の土地を含まない
九	植物の生育確保に必要な樹木保存と表土保全の設計が定められている
十	騒音，振動防止のための緩衝帯の配置，設計が定められている
十一	道路，鉄道等による輸送の便等からみて支障がない
十二	申請者に開発行為を行う資力と信用がある
十三	工事施行者の工事完成に必要な能力がある
十四	関係権利者の相当数の同意がある

注1）アミかけは自己の居住用住宅建築のための開発行為にない項目．
注2）九，十，十二，十三は1 ha以上，十一は40 ha以上の開発行為に運用．

表 15.3　市街化調整区域内で適用される開発行為の立地基準（都計 34 条）

一	公益上必要又は周辺住民の日常生活のための物品販売，加工，修理等の店舗・事業場その他類する建築物
二	市街化調整区域内の鉱物資源，観光資源その他の資源の有効利用上必要な建築物等
三	温度，湿度，空気等の条件から市街化区域で建築困難なものの建築，建設のための開発行為
四	農林漁業の用に供する建築物で，都計 29 条第 1 項二号の政令で定める建築物以外のものの建築（表 15.2），又は市街化調整区域内で生産の農林水産物の処理，貯蔵，加工用の建築物等のための開発行為
五	特定農山村地域法の所有権移転等促進計画に定め供される農林業活性化基盤施設の利用に従って行う開発行為
六	都道府県が国・中小企業基盤整備機構と一体で助成する中小企業者等の事業の連携・共同化又は中小企業集積の活性化に供する建築物等のための開発行為
七	市街化調整区域内現存の工場の事業と密接な関連の建築物等のための開発行為
八	危険物の貯蔵・処理の建築物等で市街化区域内建築が不適当な建築物等のための開発行為
八の二	市街化調整区域のうち，災害危険区域等および急傾斜地崩壊危険区域内の建築物等に代わる同じ用途の建築物等を，当該市街化調整区域の危険区域外に建築または移転する開発行為.
九	道路沿道サービスの管理施設・休憩所または給油施設，火薬類製造所のための開発行為
十	地区整備計画が定められている地区計画，集落地区計画の区域内で，当該計画に適合する建築物
十一	市街化地域と一体的な日常生活の圏域構成のおおむね 50 以上の建築物が連坦する地域のうち，災害の防止その他を考慮して条例で定めるものに該当しないもの
十二	市街化の恐れが少なく，市街化区域で困難・不適当として都道府県の条例で災害等の防止を考慮し認められたもの
十三	区域区分で市街化調整区域を定める際，自己用居住・業務用土地の所有者が 6 月以内に届け，権利の行使として行う開発行為
十四	上記各号以外で都道府県知事が開発審議会の議を経て市街化促進の恐れがなく，かつ，市街化区域内で行うことが困難または不適と認める開発行為

注）建築物等 = 建築物又は第一種特定工作物のこと.

よび 43 条（15.1.5 項（3））を適用する」とされている. それによれば次の内容になる.

- 3 戸以上の住宅等の建築目的の開発行為，1 戸または 2 戸の住宅等の建築目的では 0.1 ha 以上の規模の開発行為が開発許可の対象である.
- 事務所や店舗，飲食店，農林漁業従事者用の住宅等の新築などいくつかの除外事項はその限りでない.

　一方，開発許可を受けた土地以外の土地における住宅等は，都計法 43 条（15.1.5 項）における "建築等" を "住宅等" に読み替えるなどして適用する.

▶15.1.5　建築等の制限

　前項の開発許可は，土地の区画形質の変更に対してである. 開発行為が建築物等の建築を目的にするにしても，開発行為とは別に，図 15.1 に示したように，改めて建築確認が必要である（建基 6 条）.

　つまり，建築物の種類に応じた一定規模以上の建築物に対し，都道府県の建築主事，あるいは国土交通大臣または都道府県知事などから指定された指定確認検査機関（民間）に申請書を提出し，確認を受けなければならない.

　また，都計法や建基法などで禁止されている建築物の建築を特例で行う場合は，特定行政庁に申請して建築許可を得た後に建築確認を申請することになる.

　さらに，開発許可に関わって，建築等の制限が定められることがあるが，その主な内容は次のとおりである.

（1）用途地域が定められていない区域の開発許可時の建築物の建ぺい率等の指定

　都道府県知事は，用途地域が定められていない区域で開発行為を許可する場合に，開発区域

内の土地について建ぺい率や建築物の高さ，壁面位置など，建築物の敷地，構造，設備に関して制限ができる（都計41条）．

（2）開発許可を受けた土地の建築等の制限

開発許可を受けた開発区域内では，許可内容である予定建築物以外の建築物や工作物の建設はできない．また，知事が支障ないと認め許可した場合以外は，予定建築物以外への用途変更もできない（都計42条）．

（3）市街化調整区域のうち開発許可を受けた開発区域以外の区域内の建築等の規制

市街化調整区域のうち開発許可を受けた開発区域以外の区域内においては，都道府県知事の許可を得なければ，表15.1の都計法29条第1項二号，三号に関わる農林漁業関連，公益上必要な建築物に規定する建築物等以外の建築物の新設および改築による用途変更はできない．ただし，都市計画事業としての建築物の新築・改築・用途変更，非常災害時の応急措置として行う建築物や第一種工作物の新築・新設などいくつかの除外事項はその限りでない（都計43条）．

15.2 都市計画事業の施行認可

都市計画施設事業と市街地開発事業をまとめて都市計画事業という．これらは，都道府県知事などの認可・承認を受けて施行されるが，そうした都計事業が施行できる施工者は次のとおりである（都計59条）．

----

① 都道府県知事の認可を受けた市町村
② 国土交通大臣の認可を受けた都道府県（市町村の施行が困難または不適当な場合）
③ 国土交通大臣の承認を受けた国の機関（国の利害に重大な関係がある都市計画事業の場合）

なお，上記3者以外の者は，事業の施行に関して行政機関の免許，許可，認可等の処分を必要とする場合，これらの処分を受けているとき，その他特別の事情がある場合に，都道府県知事の認可を受けて施行できる．

また，施行予定者が定められている都市計画事業は，その定められているものでなければ施行できない．

都市計画事業は都市計画決定され，「告示・縦覧」に至るが，施行予定者が決定されている事業はその直後から，施行予定者が定められていない事業は施行予定者を定める都計変更を行った直後から，2年以内に事業の認可・承認の申請しなければならない（都計60条の二第1項）．その際の認可・承認の基準は，次のとおりである（都計61条）．

----

* 事業内容が都市計画に適合すること
* 事業施行期間が適切であること
* 事業施行に関して行政機関の免許，許可，認可等の処分を必要とする場合，それらの処分があったことまたは処分がされることが確実であること

そののちに工事が始まるが，その事業地内は，着手前の規制に代わり新たに厳しい建築等の制限が適用される．事業地内で，事業施行の障害となる恐れがある土地の形質の変更や工作物の建設，移動困難な物件（5トン以上）の設置または堆積などを行う者は，都道府県知事などの許可が必要である．その際，都道府県知事は施行者の意見を聞く必要があるが，事業に差し障りがある場合は許可は得られない（都計65条）．

15.3　都市計画施設等の協定制度

▶15.3.1　都市施設等の整備や管理のための協定[3]

　都市づくりは，多様な価値観をもつ市民などのさまざまな要望に基づく．それらは，公共や多くの市民などの土地や建築物などの諸権利を遵守しつつ，公益と私益の調整を図り，各々の権利者が権利の範囲で確実に責務を果たすことが前提である．

　したがって，権利者などが納得する公平かつ適正な規制や手続きのもとで都市計画を推進し，管理することが求められる．前章までに述べた都市の整備や管理の大部分はこうしたことへの法的配慮があり問題はない．しかし，一部では，災害時の対応や身近なまちの環境整備のように，法ではなく合意に基づく扱いになる．

　すなわち，利便性を高め，安全かつ快適なまちを実現するため，個別の敷地や建築物，建造物の権利に及ぶ特段の扱いが必要であり，土地，

都市施設，建築物等の所有者がもつ権利や裁量に踏み込むこともある．その際，関係者間で十分に話し合い，納得して協力し合うことは当然であり，その一つの方法が協定制度によるまちづくりである．

▶15.3.2　都市計画関係法の協定制度

　第二次世界大戦後に限れば，最初に導入された協定制度は 1950 年公布の建基法 69 条の**建築協定**である．「区域の一部で，住宅地としての環境または商店街としての利便を高度に増進して環境改善するため，ある範囲内の土地の所有者などが，建築物の敷地，位置，構造，用途，形態，意匠または建築設備に関する基準」について協定を結ぶ住民発意の制度である．

　11.2 節の地区計画に類する内容にもみえるが，互いの違いを明示すれば表 15.4 のとおりである．地区計画は，地区内の道路や公園などを地区施設に位置付け，公的にまちづくりを都計決定し，一度定まるとその規則は地区内すべての土地所有者などに及ぶ．

表 15.4　地区計画と建築協定の比較

事　　項		地区計画	建築協定
根拠法 決定，締結 運営		都市計画法 都市計画決定 市	建築基準法 合意者で締結 運営委員会
区域の設定		地区計画単位	敷地単位
地区施設（地区内の道路，公園など）		○	×
敷地	敷地分割の禁止 敷地（最低敷地面積の設定） 道路や敷地境界からの壁面後退	× ○ ○	○ ○ ○
建築物など	構造，設備 用途（専用住宅に限定，共同住宅禁止） 形態（階数，高さ，容積率，建ぺい率，斜線制限など） 意匠（色彩，屋外広告物の制限） 垣・柵の制限 緑化率の最低限度	× ○ ○ ○ ○ ○	○ ○ ○ ○ ○ ×
有効期限		とくに定めない	協定者が任意に定める
違反に対する措置		計画に不適合では確認許可が下りない	是正措置の勧告など

これに対し，建築協定は，住宅地や商店街に権利をもつ者が全員の合意と市町村長の認可で成立するもので，建基法の基準緩和を除いて，公法上の権利制限はなく私的な契約ともいえる（図15.3）．

以来，時代を追い都緑法，道路法，景観法，バリアフリー法などへと協定制度の導入が図られた．その大半を表15.5に示す．これらは，備考欄に付記するように，前章までの当該節で，その目的，意図，趣旨などについて紹介した．

表を一覧すると，まち並みや緑地，景色など

図15.3　住宅地の建築協定の例

の開放空間，緊急非常時の土地や施設利用，人に優しいまちへの配慮などがある．あるいは，公的な都市施設や民間建物などの組み合わせでまちの利便性の向上を図るものがある．

つまり，都市空間を有効に活用するため，正当な理由と内容に関して協定を結ぶが，その制度の枠組みや手続きは，大局的にみればいずれも似かよっている．したがって，ここでは緑地協定を代表例にして説明する．

緑地協定は，都計区域または準都計区域内の緑地の保全と緑化を目的に締結されるもので（8.2.4項），制度の枠組みの要点は次のとおりである．

（1）協定事項の項目

緑地協定は，関係権利者合意の全員協定（45条第1項）と，開発事業者が分譲前に定め，3年以内に土地所有者などが複数となり，効力を発揮する一人協定がある（緑地54条）．

表15.6は緑地協定の協定事項の例であり，一〜四の4項目について，土地所有者など全員

表15.5　都市施設などの協定制度

創設年	協定	協定施設	関係法	備考
1950	建築協定	建築物の敷地，構造など	建基69〜77条	15.1.2項
1973	緑地協定	都計，準都計内緑地の保全，緑化	都緑45〜54条	8.2.4項
〃	市民緑地契約	緑地または緑化施設	都緑55〜59条	8.2.4項
1989	道路一体建物協定	道路と一体的構造の建物	道路47条の十八〜48条	7.6.3項
1995	緑地の管理協定	緑地保全または特別緑地地区	都緑24〜30条	8.2.2項
〃	近郊緑地管理協定	保全区域内の近郊緑地	首都圏近緑8条など	
2003	保全調整池の管理協定	保全調整池	特定都市河川浸水48〜52条	
2004	景観協定	良好な景観の形成	景観81〜91条	13.2.5項
〃	景観重要建物等管理協定	景観重要の建築物，樹木など	景観36〜42条	13.2.3項
〃	公園一体建物協定	公園と建物	都市公園22〜26条	8.4.3項
2006	移動円滑化経路協定	移動円滑化のための経路	BF 41〜51条	14.7.3項
〃	移動円滑化施設協定	移動円滑化に資する施設	BF 51条の二	14.7.3項
2007	避難経路協定	退避上必要な経路	密集289〜299条	
〃	利便施設協定	道路区域外の利便施設（並木，街灯など）	道路48条の三十七〜三十九	

表15.6 協定事項の項目の事例（緑地協定の場合）

一 協定の目的となる土地の区域
二 緑地の保全又は緑化に関する事項で必要なもの
イ 保全又は植栽する樹木等の種類
ロ 樹木等を保全又は植栽する場所
ハ 保全又は設置する垣又は柵の構造
ニ 保全又は植栽する樹木等の管理事項
ホ その他緑地の保全又は緑化に関する事項
三 協定の有効期間
四 協定に違反した場合の措置

の合意で定められる．その中で，一は目的と区域，二は個々の緑地保全や緑化に関わる協定対象を取り上げて整理する項目である．三の有効期間はさまざまだが，多いのは5〜30年以内で自動延長付きの10年とする例である．四は協定に違反したときの措置で，樹木を切ったときなどの回復措置などである．

なお，上記の他に，緑地協定区域隣接地の規則がある（都緑45条第3項）．これは，締結時に協定区域に隣接する土地で，土地所有者等が意思表示すれば加入できるというものである．

（2）協定の認可

緑地協定を締結するには，市町村長の認可が必要である．すなわち，協定の申請があれば，その旨を公告し，公告の日から2週間，関係人の縦覧に供し，この間，関係人は意見書の提出ができる．そのうえで，申請内容が法令に違反していない，土地利用を不当に制限しない，国土交通省令の基準に適合する，の3点を満たすとき，申請された協定は認可しなければならないとされている（都緑47条）．

（3）認可後の扱いと効力

協定認定の公告があった後は，事務所にその旨を公告し，締結協定の写しを備えて，誰もが知ることができるように縦覧に供しなければならない．また，認定後に当該緑地協定区域内の土地所有者となる者（合意しなかった者の土地の所有権の承継者を除く）に対しても，協定の効力が及ぶ．これを"承継効"といい，ほとん

どの協定で取り入れられている．

▶15.3.3 都計法と都市再生法の協定制度

前述のように，都計関係法のもとでの協定制度の導入がいろいろある．これらは，どちらかといえば公共施設あるいは市民共有・公開の社会資産などの管理と活用であり，協定制度の第1グループである．しかし，近年の少子化・高齢化に伴う人口減社会の到来は，それらだけで処理できない状況である．また，生活環境はもとより経済環境が大きく転換し，加えて地球温暖化の加速と大規模自然災害が頻発している．これらのことから，国家戦略による都市再生への取り組みを一段と強化するため，民間相互，あるいは公共と民間の協働で積極的にまちづくりを促進する内容を加えて都市整備や運営のために，都市再生・地方創成を図る第2グループの協定制度がある．それらが表15.7の都市再生法に基づくものである．

つまり，公共，民間の枠組みを超えて土地や施設の管理などを行う必要がある．所有者などはもとより，住民，事業者，行政などが互いに協定を結び，公共の支援，民間の協働による都市の整備・運営が望まれている．

こうしたことから，2018年の都市再生法に，所有，管理の裁量を超え，民間相互で，あるいは公共と民間の協働で積極的にまちづくりを促進する内容が追加された．また，これに合わせて都計法でも，都市施設の都計決定前に締結する都計法五章の都市施設等整備協定の制度が追加された．

要するに，土地や建物，施設に関わる多くの協定制度が創設され，公共が責務とするまちづくり，民間が努力するまちづくりに加え，協定のまちづくりが整えられた．表15.7は，都計法および都市再生法に基づく協定制度の全体概要であり，以下は緑地協定をガイドにした，これら各協定の趣旨および枠組みの補足説明であ

表 15.7 都計法と都市再生法における都市施設などの協定制度

計画	協定（名称）	対象区域，施設など		関係法		創設年
都市計画	都市施設等整備	都市施設・地区施設その他（都計法施行規則57条の2）		都市計画法	75条の二～75条の四	2018
都市再生緊急整備地域	都市再生歩行者経路	都市再生緊急整備地域内	歩行者経路	都市再生法	45条の二～45条の十二	2009
	退避経路	〃	退避経路		45条の十三	2012
	退避施設	〃	退避施設		45条の十四	2012
	管理	〃	備蓄倉庫等		45条の十五～45条の二十	2012
	非常用電気等供給施設	〃	非常用電気等供給施設		45条の二十一	2012
都市再生整備計画	都市再生整備歩行者経路	都市再生整備	歩行者経路		73条	2009
	都市利便増進	〃	広場その他		74～80条の二	2011
	低未利用土地利用促進	〃	低未利用用地		80条の三～80条の九	2016
立地適正化計画	立地誘導促進施設	居住誘導区域または都市機能誘導区域内	立地誘導促進施設		109条の四～109条の六	2018
	跡地等管理	居住誘導区域外	跡地等		111～113条	2014

る．

▶15.3.4 都市施設等整備協定の締結

民間が整備する駅前の歩行者デッキや地下通路，ビルの屋上広場などの都市施設（都計施行規則57条の二に定められるものに限る）はいろいろある．これらを円滑かつ確実に整備するため，行政と施設整備予定者との間で整備協定を結ぶ制度が創設された（都計75条の二第1項）．

つまり，協定都市施設等とその位置，規模または構造，整備の実施時期，協定違反の場合の措置とともに，協定施設の整備方法，用途の変更，および施設の存置のための行為の制限などで必要なものについて，都計決定の前に協定を結び，それらの実現を図るものである．

本協定を締結した場合は，当該都道府県または市町村の事務所にその旨を公告し，締結協定の写しを備えて公衆の縦覧に供しなければなら

ない（都計75条の二第2項）．この点は緑地協定と同じだが，違いは次のことである．

すなわち，都道府県や市町村は，整備協定で定められた都市施設などの位置，規模または構造に従って都市計画の案を作成する（都計75条の三）．そのうえで，当該協定に定められた実施時期を勘案して，適当な時期までに都道府県または市町村の都計審議会に諮らなければならないが，その際，当該都市計画の案に協定を添えなければならない．

▶15.3.5 都市再生のための協定制度

都市再生法は，社会経済構造の転換を円滑化する方策を述べており，2.2.1項に示したように，都市再生緊急整備地域，都市再生整備計画および立地適正化計画からなる．その各々で表15.7に示したさまざまな協定制度の導入がある．その内容は15.3.2項で説明したので，ここでは各協定の概要を述べる．

（1）都市再生緊急整備地域の協定

　都市再生緊急整備地域内では，都市再生歩行者経路協定と，都市再生安全確保施設に関わる協定がある．

① 都市再生歩行者経路協定

　都市再生緊急整備地域内の一団の土地の所有者および建築物等の所有者は，全員の合意で，当該都市再生緊急整備地域内における都市開発事業の施行に関連し，必要な歩行者の移動上の利便性および安全性向上のための経路（都市再生歩行者経路）の整備または管理の協定を結ぶことができる．

　その際，緑地協定の協定事項の "二" に関わることは，この協定では次の内容である．すなわち，都市再生歩行者経路の整備または管理に関する事項イ〜ハのうち必要なものである．

- イ　都市再生歩行者経路を構成する道路の幅員または路面の構造に関する基準
- ロ　都市再生歩行者経路を構成する施設（エレベーター，エスカレーターなどの移動上の利便性，安全性の向上のために必要な設備を含む）の整備または管理に関する事項
- ハ　その他の都市再生歩行者経路の整備，管理に関する事項

　なお，図15.4は都市再生歩行者経路協定の例であり，駅前の交通混雑を緩和するための地下通路である．

② 都市再生安全確保施設に関する協定

　各々の都市再生緊急整備地域について，当該の都市再生緊急整備協議会により，"都市再生安全確保施設の整備計画" が作成される．その中に大規模な地震が発生した場合を想定して，滞在者などの安全の確保を図る施設として，次の協定を定めることができる．

- 退避移動するための経路
- 一定期間退避するための施設
- 管理協定（備蓄倉庫）
- 非常用の電気や熱の供給施設

　上記の4施設の整備は，土地所有者などの全員の合意で管理協定が締結できるが，備蓄倉庫以外は対象施設の内容に応じるものである．また，建築主事がいない市町村長の認可を受ける際に都道府県知事との協議が求められるなどがあるものの，前述の都市再生歩行者経路協定におおむね同じである．

　備蓄倉庫の管理協定の基本は緑地協定に同じであるが，表15.6の二に関することは，協定倉庫の管理の方法である．また，有効期間，違反した場合の措置である．これらは後述の跡地管理協定とも関係している．

（2）都市再生整備計画における協定

　都市再生整備計画に関しては，三つの協定が

図15.4　都市再生歩行者経路（地下通路）

ある.

① 都市再生整備歩行者経路協定

都市再生整備計画に記載される歩行者の移動上の利便性や安全性の向上のため，経路区域内の一団の土地の所有権者，借地権者などは，全員の合意で経路の整備または管理の協定を結ぶことができる．協定内容は，都市再生歩行者経路協定を読み替えて準用できる．

② 都市利便増進協定

都市再生整備計画に記載された区域内で，一団地の土地所有者，借地権者など，建築物の所有者，都市再生推進法人は，都市利用増進施設の一体的整備・管理に関する協定を結び，市町村長にその認定の申請ができる．

なお，都市利便増進施設には，図15.5のように，道路，公園，駐車場，噴水，食事施設，アーケード，街灯，花壇などさまざまな施設がある（都市再生法施行規則第12条の九）．

また，市町村長に申請があったときの認定基準は，次のとおりである（都市再生75条）．

- 土地所有者などの相当部分が都市利便増進協定に参加していること
- 協定において定める管理方法，費用負担方法などの各内容が適切で，かつ整備・管理の記載事項に適合すること
- 協定事項の内容が適切であること

- 法令に違反がないこと

なお，認定基準に適合しなくなったとき，市町村長は認定の取り消しができる．

図15.5は，都市利便増進協定のイメージを示す．空き家対策に利便増進施設を活用している様子が理解できよう．

③ 低未利用土地利用促進協定

市町村または都市再生推進法人などは，都市再生整備計画記載の居住者等利用施設の整備および管理を行うため，当該事項に係る低未利用の土地の所有者または使用および収益を目的とする権利を有するものと協定を結ぶことができる．

なお，居住者等利用施設とは，道路，通路，駐車場，公園，噴水，教育文化施設，集会場，医療施設，宿泊施設などである（都市再生施行規則第12条の十）．

協定は，低未利用土地の所有者などの全員の合意が必要である．また，都市再生推進法人などが本協定を締結しようとするとき，あらかじめ市町村長の認可が必要である．

(3) 立地適正化計画における協定

立地適正化計画（5.6節）には，次の二つの協定がある.

① 立地誘導促進施設協定

この協定は，立地適正化計画に記載された区

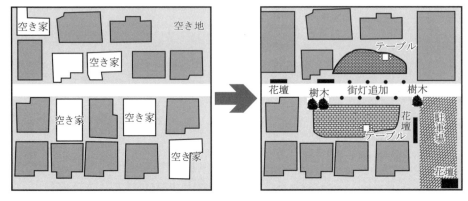

図15.5 良好な居住環境の確保のための都市利便増進協定のイメージ

域内の一団の土地の所有者および借地権などを有する者が，その全員の合意で立地誘導促進施設（交流広場，コミュニティ施設など）の一体的な整備または管理に関して協定を締結するものである．

② 跡地等管理等協定の締結

市町村または都市再生推進法人（都市再生118 条の指定），都市緑地保全・緑化推進法人（都市緑地 69 条），景観整備機構（景観 92 条）は，当該跡地などの所有者などと，所有者全員の合意のうえで，跡地等管理等協定を締結して跡地などの管理を行うことができる．

ただし，都市緑地保全・緑化推進法人は，跡地管理などの業務を行うもので，都緑法に規定する緑地に限られる．同様に，景観整備機構は跡地管理などの業務を行うもので，景観計画区域内にあるものに限られる．

以上，都市づくりに関わる協定制度を述べた．それらを押しなべてみれば，都市計画の手続きに関わる協定，跡地をそのまま管理するもの，緑地などを利活用して管理するもの，歩行者経路，公共施設と建物の一体施設，災害緊急時の対応などがある．これらはそれぞれの内容の管理や創設のために協定を結ぶもので，都市づくりの潤滑油である．さまざまな場面で都市の質の向上，利便増進のために用いることができる．

15.4　都市計画事業の財源

都市計画または都計事業は，その建設はいうに及ばず，維持管理，災害復旧，老朽化に伴う更新などで多額の費用が必要である．問題はそれを誰が負担するかである．

一つの考えは，都市づくりが市民のためであることをふまえると，都市計画税などの市民負担がある．しかし，都市計画の事業内容と市民との関わりは多様である．市民に広く利益が及ぶ公共・公益施設がある一方，個人や個々の事業者，特定の小規模なグループに関わるものは除くとしても，限られた地域や特定の市民に利益が偏よるものがある．他の都市からの通勤者や来訪者，さらに将来の市民に及ぶ施設の便益も含まれる．これらのため，市民全体に一律に課せられる税金だけでなく，利益に応じた公平な負担も必要である．

表 15.8　都市計画事業の財源

財　源	内　容
受益者負担金 都計 75 条	国，都道府県または市町村は，都計事業により著しい利益を受けるとき，利益の限度で当該事業費の一部を受益者に負担させることができる．
国の補助 都計 83 条	国は地方公共団体に対し，重要な都市計画または都計事業に要する費用の一部を補助できる．
土地基金 都計 84 条	都道府県または市は，都市施設や市街地開発の施行区域内の土地買収のため，土地基金を設けることができる．
国の交付金 都市再生 47 条	国は市町村に対し，都市再生整備計画に基づく事業などの実施経費にあてるため，都市機能の内容，公共公益地業の状況に応じて交付金を交付できる．
都市計画税 地方税 702 条	市町村は，都計事業または土地区画整理事業の費用にあてるため，市街化区域内所在の土地および家屋に都市計画税を課すことができる．
地方債 地方財政 5 条	地方公共団体は，地方債で公営企業経費，公共施設または公用施設建設事業費，災害関連事業費の財源にあてることができる．
民間資金 PFI 1，4 条	公共施設や公用施設などの建設，維持管理，運営などに民間資金や経営能力，技術を活用するものである．

税制を含めて，真に受益に応じた負担になっているかは容易に判断できないが，主なものをあげれば表 15.8 のとおりである．都計法などの各法に基づく財源や借入金，国等からの財政支援，補助金などがあり，民間資金の活用もある．

民間資金は，**民間資金等の活用による公共施設等の整備等の促進に関する法律**によるものである．イギリスの行財政改革 "private finance initiative（民間・資金・主導）" を参考に定められたことで PFI 法と略称している．「民間の資金，経営能力および技術的能力を活用した公共施設の整備などを促進するため，効率的かつ効果的に社会資本を整備するとともに，低廉かつ良好なサービスの提供を確保する」制度である（PFI 1 条）．8.4.5 項に述べた都市公園に関わる公募型管理制度 Park-PFI はその例である．公共施設，公用施設（庁舎など），それら以外の都市施設（教育文化，スポーツ，集会などの施設，リサイクル施設など）や市街地開発事業に広く活用できる．

さまざまな資金を大切に活用し，図 15.6 に例示するように，美しく健全な都市づくりを推進することが望まれる．

図 15.6　世界でもっとも美しいといわれるシドニー（オーストラリア）

参考資料

都市計画の内容と決定者一覧

都市計画の内容			決定者 都道府県注1	市町村注2	都計以外の関係法
1	都市計画区域の整備，開発及び保全の方針		○*		
2	都市再開発方針等		○		再開発法等
3	区域区分		○		
4 地域地区	用途地域			○′	
	特別用途地区			○	
	特別用途制限地域			○	
	特例容積率適用地区			○′	
	高層住居誘導地区			○′	
	高度地区，高度利用地区			○	
	特定街区			1 ha 以下○　1 ha 超○′	
	都市再生特別地区		○		都市再生法
	居住調製地域			○′	
	居住環境向上用途誘導地区			○′	都市再生法
	特定用途誘導地区			○′	
	防火地域，準防火地域			○	
	特定防災街区整備地区			○	密集市街地法
	景観地区			○	景観法
	風致地区	面積 10 ha 以上で 2 以上市町村の区域にわたるもの	○		
		その他		○	
	駐車場整備地区			○	駐車場法
	臨港地区	国際戦略港湾，国際拠点港湾，重要港湾	○		港湾法
		その他		○	
	歴史的風土特別保存地区		○		古都法
	第一種，第二種歴史的風土保存地区		○		明日香法
	緑地保全地域	2 以上市町村の区域にわたるもの	○		
		その他		○	
	特別緑地保全地区	面積 10 ha 以上で 2 以上市町村の区域にわたるもの	○		都市緑地法
		その他		○	
	緑化地域			○	
	流通業務地区		○		流市法
	生産緑地地区			○	生産緑地法
	伝統的建造物群保存地区			○	文化財法
	航空機騒音障害防止地区，同特別地区		○		空港騒対法
5	促進区域（市街地再開発，土地区画整理，住宅街区整備，拠点業務市街地整備土地区画整理）			○	再開発，大都市，拠点都市
6	遊休土地転換利用促進地区			○	
7	被災市街地復興推進地域			○	被災復興法
	道路	一般国道，都道府県道	○		道路法
		その他の道路　自動車専用道路	○		
		その他		○	
	都市高速鉄道		○		鉄道事業，軌道法
	駐車場			○	駐車場法
	自動車ターミナル			○	自動車ターミナル法
	その他の交通施設	国際空港，拠点空港，地方管理空港	●		空港法
		その他		○	

注1) 指定市の区域は指定市が定める（ただし，○*は一の指定都市の区域にわたり指定される都市計画区域に関わるものを，●は一の指定都市の区域を越えてとくに広域の見地から決定すべき都市施設を除く）（都計87条の二）．

注2) 都の特別区は市町村に同じ扱いだが，その中で○′および地区計画等で 3 ha 超の再開発等促進区を定める地区計画，および沿道再開発等促進区を定める沿道地区計画は，特例として都の決定である（都計87条の三第1項）．

都市計画の内容			決定者 都道府県注1	市町村注2	都計以外の関係法
8 都市施設	公園, 緑地	面積10ha以上で2以上市町村 国が設置	●		都市公園法
		都道府県が設置	○		
		その他		○	
	広場, 墓園	面積10ha以上で国又は都道府県設置	○		
		その他		○	
	その他の公共空地			○	
	水道	水道用水供給事業	●		水道法, 工業用水道事業法
		その他		○′	
	電気, ガス供給施設			○′	電気事業法等
	下水道	公共下水道 排水区域が2以上の市町村	●		下水道法等
		その他		○′	
		流域下水道	●		
		その他		○	
	汚物処理場, ごみ焼却場			○	廃棄物法
	産業廃棄物処理施設		○		
	その他の供給施設, 処理施設			○	
	河川	一級河川	●		河川法
		二級河川（一の指定都市区域内のみ存する）	○		
		二級河川（その他）	●		
		その他		○	
	運河		○		運河法
	その他の水路			○	
	学校, 図書館, 研究施設, その他の教育文化施設			○	
	病院, 保育所, その他の医療施設, 社会福祉施設			○	
	市場, と畜場			○′	市場法
	火葬場			○	墓地法
	一団地の住宅施設			○	
	一団地の官公庁施設		○		官公庁法等
	一団地の都市安全確保拠点施設			○	
	流通業務団地		○		流市法
	一団地の津波防災拠点市街地形成施設			○	津波防災法
	一団地の復興再生拠点市街地形成施設			○	福島復興法
	一団地の復興拠点市街地形成施設			○	大規模復興法
	電気通信事業用施設			○	
	防風, 防火, 防水, 防雪, 防砂, 防潮施設			○	海岸法等
9 市街地開発事業等	土地区画整理事業	施行区域面積50ha超で, 国・都道府県施行見込み	○		区画法
		その他		○	
	新住宅市街地開発事業		○		新住市法
	工業団地造成事業		○		首都近郊法等
	市街地再開発事業	施行区域面積3ha超で, 国・都道府県施行見込み	○		再開発法
		その他		○	
	新都市基盤整備事業		○		新都市基盤法
	住宅街区整備事業	施行区域面積20ha超で, 国・都道府県施行見込み	○		大都市法
		その他		○	
	防災街区整備事業	施行区域面積3ha超で, 国・都道府県施行見込み	○		密集市街地法
		その他		○	
10	市街地開発事業等予定区域（下記を除く）		○		
	一の市町村区域を超えない一団地官公庁施設, 流通業務団地			○	
11	地区計画等			○, 一部に○′	

参考文献

《都市計画の全般》

1) e-Gov 法令検索：都市計画法，建築基準法，土地区画整理法，都市再生特別措置法などすべての法および施行令などを閲覧することができる
2) e-Stat　政府統計の総合窓口
3) 国土交通省：第12版都市計画運用指針（最新改正　2022）
4) 国土交通省都市局：都市計画制度の概要（更新2019～2021）
   都市計画法制，土地利用計画制度，都市施設制度，都市の緑化，開発許可制度
   都市計画と環境，立地適正化，景観行政，屋外広告物行政，歴史まちづくり行政
5) 国土交通省都市局：令和4年都市計画現況調査
6) 国土交通省都市局都市計画課：立地適正化計画作成の手引き，2021改正
7) 全国の各都道府県および市町村がホームページで公開する都市計画の図書等
   （株）テクノアート：全国都市計画図検索（https://toshi-keikaku.jp）

《専門基礎》

8) 樗木武：土木計画学（第3版），森北出版（2011）
9) 国立社会保障・人口問題研究所：最新の将来人口・世帯数の結果
10) 総務省：平成27年（2015年）産業連関表―総合解説編―（更新2020）

《地域地区，都市施設など》

11) 交通システム研究会編：都市の交通計画，共立出版（2006）
12) （社）日本道路協会：道路構造令の解説と運用，2021
13) 国土交通省道路局：歩行者利便施設道路（ほこみち）制度の今後の展開，2021
14) 国土交通省都市局：都市緑地法運用指針（最新改正2021）
15) 国土交通省都市局：都市公園法運用指針（第5版）（2023）

《まちづくり》

16) 国土交通省都市局市街地整備課：柔らかい区画整理の手引き，2023
17) 国土交通省：政策課題対応型都市計画運用指針
18) 環境省大臣官房環境影響評価課：環境アセスメント制度環境アセスメントガイド
19) 国土交通省，農林水産省，環境省：景観法運用指針（最新改正2022）
20) 移動等円滑化の促進に関する基本方針（令和二年国家公安委員会，総務省，文部科学省，国土交通省告示第一号）
21) 樗木武：ユニバーサルデザインのまちづくり，森北出版，2004

あとがき

―すべての人が輝く交流都市の構築に向けて―

わが国は，さきの戦災で焦土と化した国土とともに，難を免れた歴史遺産，文化，自然を礎に，都市の変遷をふまえた都市づくりを展開してきた．市街地が過密化，スプロール化，空洞化，スポンジ化と波打つ中で，皆が都市づくりに立ち上がり，邁進し，一定の成果を得た．しかし，現在に至り，少子・高齢・人口減社会，大規模災害の頻発，コロナ禍の苦難に遭遇し，さらなる都市づくりに立ち向かうことが求められている．

このことから，今後の都市づくりは，四つのことを目指すことになるであろう．一つ目は，「適正な規模の下でのコンパクトな都市」を目指すことである．人口減社会が一段と深刻化する中，ゆとりある快適でコンパクトな都市づくりは現代から未来へと継続する重大テーマである．そして，二つ目は，「国際・全国・地方との円滑な交流の個性都市」の展開である．困難な社会を乗り越える交流の都市づくりは，国内外にわたる人の絆を大切にし，各々の都市の地域ブランドを高め，活発な交流都市づくりに活路を見出すことである．

この二つに対する手段が三つ目であり，「ディジタル・AI・情報を活かす革新都市」の整備

と活用である．革新著しい交通・通信を活用し，避けられない都市施設の更新を図り，広い視野で都市間および都市・地域間のネットワーク社会，表情豊かな未来都市を築き，全世代型都市を目指すことである．

そして最後の一つは，「気候変動に耐える持続可能な安全・安心都市」の構築である．地球温暖化などによる大規模災害が避けられない中，環境を，社会を，そして人こそを守る都市でなければ都市の存在意義はない．ハード，ソフトの両面による防災都市を目指し，持続可能な安全・安心の都市整備に立ち向かうことである．

これら四つのテーマに共通する根底に，都市の多彩な魅力に吸い寄せられて集まる "人" がいる．そのような人々によって，さまざまな都市機能が発達し，創造豊かな都市文明・文化が築かれるであろう．それは，空間・時間・AI・協働が織りなす多次元の "スマートヒューマンシティ" の展開であり，「すべての人が輝き，互いが協働し，安全・安心で，快適な交流都市」が創成され，それこそが今後の次世代における都市づくりであり，まちづくりであるとも考える．

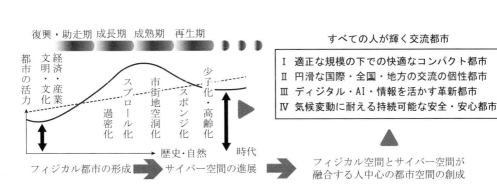

索　引

著者略歴

樗木　武（ちしゃき・たけし）

1962 年　九州大学工学部土木工学科卒業
1962 年　日本国有鉄道
1965 年　九州大学工学部助手
1968 年　長崎大学工学部助教授
1969 年　九州人学工学部助教授
1970 年　工学博士（九州大学）
1982 年　九州大学工学部教授
1999 年　九州大学大学院工学研究科教授
2000 年　九州大学大学院工学研究院教授
2002 年　九州大学名誉教授
2005 年　（財）福岡アジア都市研究所理事長
2011 年　（財）福岡アジア都市研究所顧問
　　　　　現在に至る

都市計画学

2023 年 12 月 13 日　　第 1 版第 1 刷発行

著者　　　　樗木　武

編集担当　　加藤義之（森北出版）
編集責任　　藤原祐介（森北出版）
組版　　　　コーヤマ
印刷　　　　シナノ印刷
製本　　　　同

発行者　　　森北博巳
発行所　　　森北出版株式会社
　　　　　　〒102-0071　東京都千代田区富士見 1-4-11
　　　　　　03-3265-8342（営業・宣伝マネジメント部）
　　　　　　https://www.morikita.co.jp/